질병을 예방하고 치료하는 음식

What to eat to beat common ailments

의학박사 **사라브루어** (Dr Sarah Brewer)
장소희 옮김

21세기사

질병을 예방하고 치료하는 음식
What to eat to beat common ailments

의학박사 사라브루어

(Dr Sarah Brewer)

장소희 옮김

 21세기사

서론

　근대 의학의 아버지인 고대 그리스의 히포크라테스가 남긴 격언들 중에서 가장 유명한 말은 아마도 '음식이 약이 되고 약이 음식이 되게 하라'일 것이다. 그는 우리 몸에 좋은 식사야 말로 건강의 기본이며, 더 나아가 질병에 걸렸을 때도 음식으로 치료할 수 있다고 굳게 믿었다. 그 당시 통용되던 아편, 독버섯, 거머리로 피뽑기 등의 치료법을 생각해 볼 때 '만약 환자를 음식으로 치료할 수 있다면 약은 약장 속에 넣어두라' 는 그의 충고는 많은 사람들의 목숨을 구했을 것으로 짐작된다.

　약 2,500년 전에 살았음에도 불구하고 히포크라테스는 영양공급이야 말로 질병예방의 근본이라는 사실을 인식하는데 있어 시대를 앞서 갔다. 건강한 식사를 하고 있다면, '사과를 매일 하나씩 먹는 것만으로도 의사를 멀리할 수 있다.' 고대 이집트 무덤에서 발견된 상형문자에 따르면 '먹는 음식의 1/4만이 생명을 유지하는데 사용되고 나머지 3/4는 의사를 먹여 살리는데 쓰여진다' 라고 기록되었다. 반면, 마크트웨인은 '좋아하는 음식을 마음껏 먹고 그 음식들끼리 몸 속에서 싸우도록 내버려두라' 는 정반대의 충고를 남기기도 했다. 그러나 불행히도 이렇게 내버려두면 소화불량, 고혈압, 당뇨, 통풍, 담석 등 수많은 질병들이 생길 수 있다.

　우리가 섭취하는 음식과 음료는 우리몸의 성장과 재생 및 발육에 필요한 기본적인 영양성분을 공급해 준다. 이러한 기본 성분들이 충분히 공급될 때 우리 몸의 세포들이 원활하게 작동하는 것이다. 그러나 핵심영양소들이 부족하면 일부 신진대사 경로에 문제가 생기고 세포들이 효율적으로 작동하지 못하며 때이른 노화의 징후나 질병이 나타날 수 있다. 오늘날 선진국에서는 심각한 영양결핍은 드문 사례지만 일부 비타민 및 미네랄 결핍은 관상동맥성심장질환, 뇌졸중, 골다공증, 골절 및 일부 암 등 다양한 만성질환을 유발할 수 있다.

이 책에 관하여

'수퍼푸드(superfoods)'는 요즘 많이 사용되는 표현인데 이를 둘러싼 지나친 호들갑은 피해야겠지만 뛰어난 영양성분들을 다량 함유하고 있는 일련의 식품들을 개별적으로 살펴보는 것은 충분히 가치있는 일이다. 이 책의 1부에서는 다방면으로 건강에 놀라운 혜택을 주는 주요 식품들에 대해 다루는데, 이들이 수퍼푸드로 불리는 근거를 제공해주는 최신 과학연구들도 간략히 포함시켰다. 이 경이로운 식품들을 매일의 식단에 활용하면 질병을 물리칠 수 있는 소중한 무기가 되어 줄 것이다.

2부에서는 천식, 편두통, 관상동맥성 심장질환, 류마티스관절염에 이르는 50가지 흔한 질병들에 대해 자세히 살펴보면서 각각의 질병들에 어떤 식품이 이로운지 또 어떤 식품이 해로운지 알아본다. 필요에 따라 특정 질병에 대한 부분을 쉽게 찾아볼 수 있는 질병 목차와 함께 건강에 대한 일반적인 정보와 보충제에 대한 조언 및 영양가 높고 맛도 좋아 개인적으로 애용하는 레시피들도 덧붙였다.

음식과 주요 영양보충제를 현명하게 선택하는 것은 현대 사회에 만연한 여러 질병들을 예방하고 그 증상을 완화시키며 나아가 치료할 수 있는 잠재력을 지닌 영양의학(nutritional medicine)의 원리를 따르는 일이다. 이 책에 담긴 조언들을 적극적으로 활용하여 음식으로 질병을 치료하고 건강을 유지하며 행복하게 나이 들어가는 과정의 첫걸음을 내딛기를 진심으로 바란다.

20가지 수퍼푸드를 매일의 식단에 활용함으로써 얻을 수 있는 건강 혜택에 대해 알아보기

PART 1
건강을 위한
수퍼푸드

1 체리(Cherries)

체리는 노란색부터 분홍, 선홍, 보랏빛이 도는 검은색에 이르기까지 색깔이 다양하다. 이들 모두 클로로겐산(chlorogenic acid), 케르세틴(quercetin), 켐페롤(kaempferol) 등을 포함해 항산화 성분인 안토시아네이스(anthocyaninas)가 풍부하다. 또 체리는 비타민C 와 칼륨의 훌륭한 공급원이기도 하다.

효능

천식 체리를 포함해 케르세틴이 풍부한 식품을 많이 섭취하는 사람들은 천식 발병률이 낮다. 이외에도 천식이 있는 어린이들이 비타민C 가 풍부한 식사를 하면 그렇지 않은 어린이들에 비해 호흡장애를 훨씬 덜 경험하게된다.

심장질환 체리의 항산화 성분은 산화스트레스로부터 혈관을 보호하며 침전물 누적으로 동맥이 좁아지는 현상(동맥경화증)에 관여하는 단핵주화인자단백질-1(monocyte chemoattractant protein-1/ MCP-1)의 수치를 낮춘다.

관절염 체리주스는 체내에 TNF-알파와 같은 염증 유발화학 성분을 감소시키고 아스피린과 비슷한 방식으로 염증 유발효소(COX-1, COX-2)를 억제함으로써 관절염에 따른 통증과 염증을 감소시킨다.

통풍 블랙체리를 매일 250g 씩 먹거나 농축 체리즙을 복용하면 요산(uric acid) 수치를 낮춰 통풍을 예방할 수 있다.

불면증 몽모랑시 체리주스(Montmorency cherry juice)는 수면 조절에 관여하는 천연 호르몬인 멜라토닌(melatonin) 수치를 높여서 수면의 질을 향상시킨다.

기분 체리주스는 기분을 조절하고 불안을 덜어줄 뿐더러 스트레스 호르몬인 코티솔(cortisol)을 감소시키는 트립토판(tryptophan), 세로토닌(serotonin), 멜라토닌(melatonin)을 함유하고 있다.

근육회복 몽모랑시 체리주스는 강도높은 근육운동에 수반되는 근육손상을 감소시키고 피로회복을 촉진하는데 이는 산화성 손상을 감소시키기 때문으로 추정된다.

알고 있었나요?

시큼한 체리(tart cherries)는 숙면을 돕는 호르몬인 멜라토닌이 풍부한 몇 안되는 식품중 하나이다.

이렇게 먹어보세요...

신선한 체리나 냉동체리를 요구르트, 뮤즐리(muesli)[1], 프로마쥬프레이(fromage frais)[2], 과일샐러드나 디저트에 곁들여 먹는다. 씨를 빼고 물을 조금만 넣고 갈아 냉동 요구르트나 다른 디저트에 얹을 체리쿨리스(coulis)[3]를 만들 수도 있다. 체리를 넣은 스무디나, 사과주스를 첨가해 희석한 체리주스는 상큼하면서 항산화 성분이 풍부한 음료수가 된다. 이외에도, 씨를 뺀 체리를 다크초콜릿 녹인것에 찍어 먹으면 건강 디저트가 된다.

---

1 곡식, 견과류, 말린 과일 등을 섞은 것으로, 흔히 아침식사로 우유에 타먹음
2 요구르트 비슷한 아주 연한치즈
3 묽은 과일소스

2 석류(Pomegranates)

석류의 다육질 가종피(씨앗싸개)에는 푸니칼라진(punicalagins)
이라는 독특한 타닌(tannin) 성분을 포함해,
항산화 성분이 특별히 풍부한 루비빛깔의 즙이
들어있다. 이 항산화 성분은 레드와인이나 녹차보다
2~3배 많은 양으로 석류반쪽(100g)에 10,500
항산화 ORAC 단위[1]가 함유되어 있다.

1 oxygen radical absorbance capacity : 항산화량측정단위

효능

혈압　석류주스는 혈관을 이완시키는 산화질소(nitric oxide)의 생산을 촉
진함으로써 동맥확장을 돕는다. 석류주스를 50ml(약1/4컵)씩 매일 두 잔만
마셔도 수축기 혈압을 5% 낮출 수 있는데 이는 많은 고혈압약의 타깃 효소
인 안지오텐신전환효소(angiotensin-converting enzyme; ACE)의 활동을 억
제하기 때문이다.

콜레스테롤　석류주스를 매일 한 잔씩 마시면 '나쁜' 콜레스테롤(LDL-cho-
lesterol, 70페이지 참조)을 줄이고 동맥경화를 완화시킬 수 있다.

동맥질환　관상동맥성 심장질환이 있는 사람들이 석류주스를 매일 240ml
(약 한컵)씩 3달 동안 마신 실험 결과 약효가 없는 주스를 마신 다른 그룹은 증
상이 악화된 반면 석류주스를 마신 그룹은 심근육의 혈류 공급이 눈에 띄게

개선되었다. 또 다른 연구에서는 매일 석류주스를 마신 그룹의 경우 1년 후 경동맥의 내벽 두께가 최고 35% 까지 감소한 반면 마시지 않은 대조그룹은 그 두께가 10% 증가한 것으로 나타났다.

치태　석류 추출물은 치아질환을 유발하는 박테리아를 억제하는 효과가 있으며 충치 예방에도 도움이 된다.

알고 있었나요 ?

카마수트라(Kama Sutra)[1]에 따르면 석류를 반으로 쪼개어 부부가 나눠 먹으면 정열이 불붙어 임신에 도움이 된다고 한다!

1 고대 인도의 성애에 관한 경전

이렇게 먹어보세요...

시판하는 석류주스나 직접 만든 주스를 마신다. 자신이 좋아하는 샐러드에 석류씨를 첨가하거나 다음과 같이 물냉이, 배, 석류로 샐러드를 만들어도 좋다. 잘익은 배를 잘게 썬 것에 물냉이 한 줌, 호두 조금, 잘 익은 석류 반쪽의 씨앗을 섞는다. 여기에 호두 오일, 발사믹식초, 후추를 뿌려 먹는다. 석류를 반으로 갈라 핀으로 씨를 골라 내다 보면 긴장도 풀린다!

3 사과(Apples)

사과는 케르세틴(quercetin) 등, 염증을 감소시키는 항산화성 플라보노이드 폴리페놀(flavonoid polyphenols)이 가장 풍부한 식품 중 하나이다. 이외에도, 장의 콜레스테롤 흡수를 억제하는 가용성 섬유소 펙틴(pectin)을 함유하고 있으며 건강 유지에 중요한 미네랄인 마그네슘 및 붕소의 훌륭한 공급원이기도 하다.

효능

장수 하루에 사과를 한 개씩 먹으면 이보다 적게 먹는 사람들에 비해 연령대나 사망원인에 상관없이 사망률을 1/3정도 낮출 수 있다. 사과는 특히 관상 동맥성 심장질환과 뇌졸중 예방에 효과적인데 사과 섭취량이 가장 많은 그룹의 사람들은 뇌혈전(thrombotic storke) 발병률이 41% 낮다.

콜레스테롤 및 체중 조절 1년 동안 사과를 매일 한 개씩 먹은 160명의 여성들을 대상으로 한 연구 결과 '나쁜' 콜레스테롤(LDL-cholesterol) 수치가 거의 1/4 가량 낮아지고 C 반응성 단백질(C-reactive protein; 체내 염증 지표)은 1/3이 감소되었다. 또한 이들은 사과로 인한 추가 열량 섭취에도 불구하고 평균 약 1.5kg 체중이 감량되었다.

포도당(glucose) 조절 사과의 단 맛 성분은 대부분이 과당(fructose)이기 때문에 단 사과라도 비교적 혈당 지수(GI)[1]가 낮을 뿐더러 혈중 포도당 수치

---

1   탄수화물이 몸에 들어왔을 때 그것이 얼마나 빨리 혈액에 섞여 인슐린을 유발하는지를 나타낸 상대 지표

가 안정적으로 유지되도록 돕는다. 또한 포도당 내성 장애(impaired glucose tolerance)가 있으면 점차적으로 췌장의 인슐린 세포가 손상되는데 사과의 플라보노이드(flavonoid) 성분은 이를 막아 준다. 같은 이유로 38,000명의 여성들을 대상으로 한 연구에서 하루에 사과를 한 개 이상 먹는 여성들은 먹지 않는 여성들에 비해 2형 당뇨병에 걸릴 확률이 28% 가량 낮게 나타났다.

골관절염(osteoarthritis) 커다란 사과 한 개(100g)는 염증성 관절에 비타민 C 1,500mg에 해당하는 항산화 효과를 발휘한다.

이렇게 먹어보세요...

갈색으로 변하는 것을 방지하기 위해 레몬 주스를 첨가해 갈은 사과를 샐러드와 콜슬로(coleslaw)[1]에 뿌려 먹는다. 말린 사과 조각이나 애플 칩(apple crisp)은 맛있는 간식이 된다. 또는 다음과 같이 버쳐 뮤즐리(Bircher muesli)[2]를 만들어 본다. 물 45ml에 으깬 귀리 15ml를 넣어 하룻밤 동안 불린다. 먹을 때 레몬주스 15ml, 바이오 요구르트 45ml, 껍질채 간 사과 200g을 첨가한다.

---

1 양배추, 당근 양파 등을 채 썰어 마요네즈에 버무린 샐러드
2 아침 식사용 건강식 오트밀로 보통 꿀, 견과류, 건포도 등을 넣어 만든다

4 베리류(Berries)

베리류는 크기, 색, 맛이 다양한 여러 종류가 있다. 블랙커런트(blackcurrant), 딸기, 블랙 베리와 같이 친숙한 종류 외에도, 아사이(acai), 산자나무 열매(sea buckthorn berries), 블랙 래즈베리 등 덜 알려진 베리들도 건강에 큰 도움이 된다.

효능

진통   기능 아사이 베리에는 통증과 염증을 유발하는 효소를 억제하는 항산화 성분이 특별히 풍부하다. 과육에는 효력이 조금 약하긴 하지만 비 스테로이드계 소염제(NSAIDs)와 유사한 항염 및 진통 기능이 있음이 밝혀졌다.

폐 기능   블루베리는 항산화 성분이 가장 높은 과일 중 하나이다. 꾸준히 먹으면 폐에 좋으며 천식 증상을 완화시킬 수 있고 흡연에 따른 폐 손상을 얼마간 예방할 수도 있다.

혈압   빌베리(bilberry)에는 머틸린(myrtillin) 등의 항산화성 안토시아니딘(anthocyanidins)이 들어 있다. 꾸준히 먹으면 안지오텐신 전환 효소(angio-tensin-converting enzyme; ACE)를 억제해 혈압을 낮출 수 있다.

감기   엘더베리(elderberry)에는 감기 및 독감의 지속 기간을 크게 단축시키는 강력한 항바이러스 성분이 들어 있다.

근육 경직   블랙커런트(blackcurrent)에는 안토시아닌(anthocyanins)이 풍부한데 이 성분은 말초 혈관의 혈액 순환을 촉진하고 근육의 피로를 덜어주어 장시간 컴퓨터 자판을 사용해 어깨 근육이 경직된 것을 완화시켜 준다.

알고 있었나요?

유럽 일부에서는 수술 환자들의 과다 출혈에 빌베리 추출물이 사용된다.

요로 감염증   크랜베리(cranberries)에는 요로 내벽 세포에 세균이 침착되는 것을 방지하는 앤티 애드헤진 (anti-adhesins)이 들어 있다. 1,000명 이상을 대상으로 하는 총 10종류의 연구 분석 결과 크랜베리 식품이 여성들의 재발성 요로 감염 치료에 뛰어난 효과를 발휘하는 것으로 나타났다.

안구 건조   산자나무 베리는 오메가-3 -6 -7 -9 오일을 함유하고 있다. 무작위 비교 연구에 따르면 산자나무 오일을 매일 2g씩 3개월 동안 복용하면 안구 건조증에 따르는 충혈 및 따가움을 줄일 수 있다고 한다. 또한 산자나무는 질건조증 치료에도 사용된다.

통풍   암자색 블랙베리를 매일 한 줌씩 먹으면 요산 수치를 낮춰 통풍 발작 예방에 도움이 된다.

이렇게 먹어보세요...

신선한 채로 또는 냉동시켜 먹는다. 요구르트, 뮤즐리, 프로마쥬 프레이, 과일 샐러드 또는 여타 디저트에 첨가한다. 퓌레[1] 해서 쿨리스(coulis)를 만들거나 주스로 만들어 사과 주스와 섞으면 상큼하면서 항산화 성분도 풍부한 음료수가 된다.

1 과일이나 삶은 채소를 으깨어 물을 조금만 넣고 걸쭉하게 만드는 것 또는 그렇게 만든 음식

5 감귤류(Citrus fruits)

레몬, 라임(lime), 그레이프 프루트(grapefruit), 오렌지 등의 감귤류 과일은 1개만 먹어도 하루 비타민C 필요량을 충족시킬 만큼 비티민C 의 훌륭한 공급원으로 유명하다. 이외에도 감귤류에는 리모넨(limonene), 헤스페리딘(hesperidin), 탠저틴(tangertin), 나린게닌(naringenin) 등 감귤류 고유의 바이오플라보노이드(bioflavonoid)가 들어 있는데 이들은 소염 및 항암 기능이 있다.

효능

천식 겨울철에 거의 매일 감귤류 과일을 먹는 어린이들은 이런 과일을 거의 먹지 않는 어린이들(일주일에 한 번 이하)에 비해 천식을 앓을 확률이 훨씬 낮아진다.

콜레스테롤 감귤류 과일의 중과피[1]와 속껍질에는 콜레스테롤 수치를 낮추는 가용성 섬유소인 펙틴(pectin)이 풍부하다. 또한 그레이프 프루트에는 콜레스테롤을 낮추는 비터 나린게닌(bitter naringenin)이 들어 있다. 금색 및 붉은색 그레이프 프루트 주스는 '나쁜' 콜레스테롤 수치를 낮추며(금색은 7%, 붉은색은 15%), 붉은색 그레이프 프루트는 트리글리세리드(triglycerides)[2] 수치를 17% 가량 낮출 수 있다(금색은 5%).

혈압 오렌지에는 칼륨(potassium)이 풍부한데(한 개에 성인 일일 권장량의 10%가 들어 있다) 칼륨은 신장을 통해 나트륨을 걸러내어 체액의 이상 정

---

1   과일에서 껍질 안쪽의 하얀 부분
2   콜레스테롤과 함께 동맥 경화를 일으키는 혈중 지방 성분

체를 막고 혈압을 낮춘다. 고혈압 환자들에게 스위티(Sweetie; 그래이프프루트와 포멜로(pummelo)의 교배) 주스를 매일 500ml씩 마시게 한 연구 결과 5주 이내에 이들의 혈압이 평균 142/89mmHg에서 136/81mmHg로 떨어졌다(82페이지 참조).

알고 있었나요?

오렌지에는 과일 가운데서는 드물게 비타민 B군의 핵심 구성원인 티아민(thiamin)과 엽산(folate)이 함유되어 있다. 또한 식사 때 오렌지 주스를 곁들이면 음식에 포함된 철분의 체내 흡수를 돕는다.

암 감귤류 과일에 함유된 리모노이드(limonoid)와 리모넨(limonene)을 암세포에 실험한 결과 항암 기능이 있음이 밝혀졌다. 감귤류를 많이 먹는 사람들은 췌장암, 위암 등 일부 암 발병률이 낮다는 것을 시사하는 많은 연구 결과들이 있다.

당뇨병 과육이 검붉은 오렌지는 인슐린 분비를 촉진하며 포도당 내성을 높인다.

⚠ 경고: 그레이프프루트의 나린게닌은 일부 약품의 신진대사를 저해하는데, 이렇게 되면 부작용이 생길 가능성이 높아진다. 이런 점을 염두에 두고 약품 설명서를 꼼꼼히 읽어 보도록 한다.

이렇게 먹어보세요...

감귤류 과일을 적어도 하루에 1개 이상 먹고 직접 짠 신선한 주스를 마신다. 맛을 더하기 위해 라임 주스를 첨가하면 소금을 많이 사용할 필요가 없다. 또는 다음과 같이 감귤 송어를 만들어 본다. 감귤류 주스에 오렌지 1개, 레몬 1개 분량 즙과 얇게 썬 껍질을 넣고 송어 한 토막을 재운다. 새로 간 후추와 신선한 다진 파슬리 한 줌을 뿌린 후 송어가 다 익을 때까지 20분 정도 오븐이나 그릴에 굽는다.

6 포도(Grapes)

전통적으로 회복기 환자가 먹는 음식인 검은 포도는
오래전부터 건강에 좋은 식품으로 널리 알려져 있다.
검은 포도에는 강력한 항산화제인 안토시아니딘
(레스베라트롤(resveratrol), 테로스틸빈(pterostilbene)
등)과 식물성 화학 물질(phytochemical)이 함유되어 있을
뿐더러 칼륨, 마그네슘 및 붕소, 구리 등의 미량 미네랄이
들어 있다. 초록색, 분홍색/붉은색 포도는 검붉은 색소
(안토시아니딘) 함량이 적긴 하지만 이들 역시 무색 항산화
성분인 프로안토시아니딘(proanthocyanidins)이 풍부하며
검은 포도와 비슷한 건강 혜택을 준다.

효능

천식 포도를 많이 먹는 어린이들은 호흡 곤란(쌕쌕거림)이나 비염이 생길
확률이 낮다.

혈압 포도 플라보노이드(flavonoid)는 동맥 내벽의 평활근을 이완시켜 혈
액을 묽게 하며 고혈압약의 타깃 효소이기도 한ACE 효소의 활성화를 막아
혈압을 낮춘다. 붉은색 콩코드 포도(Concord grape) 주스를 매일 약 300ml씩
마시게 한 연구에서는 8주 후 혈압이 평균 7.2/6.2mgHg 낮아졌다.

혈액순환 포도씨에 함유된 항산화 플라보노이드는 포도 주스와 와인에 들
어 있는 것과 비슷하다. 이 성분은 '나쁜' LDL 콜레스테롤의 산화 및 혈전
생성을 방지하고 혈관 내벽을 이완시켜 혈액 순환을 향상시킨다. 또한 취

약한 모세혈관을 강화하며 세포 조직을 해로운 산화 작용으로 부터 보호하는 것으로 보인다. 포도씨 추출물은 식품 보충제로서 알약 형태로 구입할 수 있다.

암　포도에는 엘라그산(ellagic acid), 피세아타놀(piceatannol), 라스베라트롤(resveratrol) 등의 성분이 함유되어 있는데 실험 결과 이들 모두 항암 기능이 있는 것으로 밝혀졌다.

이렇게 먹어보세요...

신선한 포도나 말린 포도(건포도, 커런트[1](currant), 설태너[2](sultana))를 간식으로 한 줌씩 먹거나 적포도 주스나 적포도 주스에 다른 주스를 첨가한 것을 마신다. 포도 주스를 활용해 젤리를 만들어도 좋고, 다음과 같이 신선한 과일 샐러드를 만들 수도 있다. 씨없는 검은 포도, 오렌지 조각, 배, 멜론, 바나나를 적당한 크기로 썬다. 과일이 반쯤 잠길 정도로 적포도 주스나 청포도 주스를 부어 먹는다.

1　알이 잔 건포도의 일종
2　옅은 갈색의 작고 신 건포도

토마토(Tomatoes)

토마토에는 이 식물이 햇볕에 타는 것을 막아 주는 리코펜(lycopene)이라는 붉은 색소가 들어 있다. 리코펜은 강력한 항산화제로 여러 다른 기능과 더불어 햇볕으로부터 피부를 보호해 주는 기능도 있다. 익힌 토마토는 생토마토보다 리코펜이 5배나 더 많은데 이런 까닭으로 토마토 케첩과 토마토 퓌레는 리코펜이 특별히 풍부한 식품이다.

효능

심장 질환 리코펜은 아테롬성 동맥 경화증(atherosclerosis; 동맥 경화 및 협소화)과 연관된 '나쁜' LDL 콜레스테롤의 산화 작용을 줄인다. 또한 리코펜은 비정상적인 혈전 생성을 방지하고 동맥의 유연성을 50% 증가 시킨다. 토마토와 토마토로 만든 식품을 꾸준히 먹는 사람들은 그렇지 않은 사람들에 비해 관상 동맥성 심장 질환에 걸릴 확률이 적어도 1/3은 낮다.

암 리코펜은 강력한 항산화제로, 토마토를 한 개만 먹어도 24시간 이내에 최고 50% 까지 DNA 산화 손상을 줄일 수 있다. 토마토 섭취량 및 혈중 리코펜 수치가 가장 높은 그룹의 사람들은 구강암, 식도암, 위암, 폐암, 대장암, 직장암, 자궁암, 전립선암에 걸릴 확률이 상대적으로 가장 낮다. 일주일에 토마토 식품을 10번 이상 섭취하는 남성들은 섭취량이 1.5번 이하인 남성들에 비해 전립선암이 발병할 확률이 1/3 낮다. 리코펜 수치가 가장 높은 그룹의 여성들은 이 수치가 가장 낮은 여성들에 비해 비정상적 자궁 경관 도말(abnormal cervical smear)이 발병할 확률이 5배 정도 낮다.

노화성 황반 퇴화(AMD) 리코펜 섭취량이 적은 사람들은 섭취량이 많은 사람들에 비해 노화성 시력 감퇴 (117 페이지 참조) 발병률이 2배 이상 높다.

천식 토마토를 많이 먹는 여성들은 거의 먹지 않는 여성들에 비해 천식 발병률이 15% 가량 낮다. 또한 리코펜은 운동 유발성 천식 방지에도 도움이 된다.

피부 자외선에 노출된 피부에는 리코펜이 거의 남아 있지 않은데 이는 리코펜이 햇빛으로부터 피부를 보호하는데 사용되기 때문인 것으로 추정된다.

이렇게 먹어보세요... 토마토 주스를 마시거나 토마토 스프, 스튜, 소스를 만들어 먹자. 신선한 토마토를 반으로 잘라 베이킹 판에 가지런히 놓고 올리브 기름, 오레가노(oregano), 다진 마늘을 뿌려 30분간 구운 후 믹서에 갈면 파스타에 얹을 신선한 소스가 된다. 또 이렇게 구운 토마토를 생선이나 고기 요리에 곁들여도 좋다.

8 비트(Beetroot)

이 암적색의 근채류(root vegetable)는 달콤하고 구수한 맛이 나며 항산화 성분인 식물성 화학 물질(phytochemical)의 풍부한 공급원이다. 안토시아닌(anthocyanin) 색소가 들어 있는 여타 암자색 식물과는 달리 비트의 짙은 색은 베타닌(betanin)이라고 불리는 붉은 색소가 원인이다. 베타닌은 수용성이며 많이 먹으면 소변이 붉어지는데(비투리아; beeturia) 이것은 일시적인 현상으로 무해하다.

효능

혈압 비트에는 마그네슘, 칼륨, 천연 질산염(natural nitrate)이 풍부한데 이들은 모두 혈압을 낮춘다. 이 중 질산염은 혀 표면에 서식하는 박테리아에 의해 아질산염(nitrite)으로 분해된다. 아질산염은 침에 섞여 위에 도착한 후 혈액에 흡수되어, 혈관 내벽의 소근육 이완에 강력한 영향을 미치는 산화 질소를 생성한다. 이에 따라 혈관이 확장되고 혈압이 내려가는 것이다. 비트 주스를 70ml만 마셔도 휴지기 혈압(resting blood pressure)을 2% 낮출 수 있으며 500ml를 마시면 1시간 이내에 혈압을 상당히 낮출 수 있는데 이런 효과는 최대 24시간 까지 유지된다.

호모시스테인(Homocysteine) 비트의 베타인(betaine)은 동맥 경화 및 동맥 내벽 침착 현상에 관여하는 해로운 아미노산인 호모시스테인 수치를 낮춘다.

기억력 비트는 뇌의 혈류를 개선하여 두뇌 기능을 향상시킨다. 전문가들은 노인들이 비트 주스를 매일 한 잔씩 마시면 치매 예방에 도움이 된다고 본다.

운동 능력 비트는 걷고 뛸 때의 산소 소모량을 줄임으로써 근육의 연소 효율을 높여 준다. 일부 연구 결과, 운동 3시간 전에 비트 주스를 마시면 4km~16km 거리 사이클링에 소요되는 시간이 1~2% 단축되는 것으로 나타났다(운동 능력이 중간 정도인 그룹의 경우 운동 능력이 뛰어난 그룹에서는 이와 같은 기능 향상이 관찰되지 않았다).

이렇게 먹어보세요...

비트 주스를 마시거나 비트를 익혀 먹어도 좋고 발사믹 식초에 절이거나 파, 병아리콩(chickpea) 등의 콩과 섞어 샐러드를 만들어 먹어도 좋다. 또한 비트칩(beetroot crisp)은 건강 간식이 되어준다. 다음과 같이 비트 & 흰강낭콩 후무스(hummus)[1]를 만들어도 좋다. 익힌 비트 250g에 물을 따라낸 흰강낭콩 한 캔을 섞은 후, 마늘 한 쪽, 신선한 차이브(chive), 엑스트라 버진 올리브 기름 45ml를 첨가한다. 입맛에 맞게 후추와 식초를 첨가하여 즐긴다(이외 다양한 비트 레시피를 www.lovebeetroot.co.uk에서 찾아볼 수 있다).

1   병아리콩 으깬 것과 오일, 마늘을 섞어 만든 중동 지방 음식

9 시금치(Spinach)

뽀빠이가 힘을 내기 위해 애용하는 시금치는 여러 종류의 신진 대사에 관여하는 엽산(folate)이 가장 풍부한 식품 중 하나이다. 엽산이 부족하면 금새 피곤해지고 기운이 딸리며 이를 보충해 주지 않으면 빈혈에 걸리기 쉽다. 또한 시금치에는 칼슘과 철분뿐만 아니라 비타민C, E와 항산화제인 카로티노이드(carotenoid)도 풍부하다.

효능

노화성 황반 퇴화(AMD)　시금치는 노화성 황반 퇴화를 막아주는 카로티노이드 루테인(carotenoid lutein)과 제아잔틴(zeaxanthin)이 가장 풍부한 식품 중 하나이다 (117 페이지 참조). 익힌 시금치 1인분에는 평균 20mg의 루테인이 들어 있는데 이는 브로콜리의 2mg과 비교해 볼 때 굉장히 많은 양이다.

암　엽산은 세포 분열시 염색체 복제에 관여하는데 식품성 엽산이 풍부한 시금치를 꾸준히 먹으면 자궁암, 식도암, 구강암, 장암, 폐암, 유방암 등 일부 암 발병을 막을 수 있으며 이러한 효과는 흡연자들에게 더욱 크다.

뼈　시금치는 근육 수축과 신경 전도(nerve conduction)뿐 아니라 튼튼한 뼈와 치아를 위해 필요한 칼슘의 훌륭한 공급원이기도 하다.

피로 만성 피로 증후군 환자 60명을 대상으로 한 실험에 따르면 이들 중 절반이 엽산 수치가 낮은 것으로 나타났다. 시금치는 근육의 연소 효율성을 증가시켜 걷거나 뛸 때 산소 소모량을 줄인다.

혈압 시금치는 질산염이 풍부하고 안지오텐신 전환효소(ACE)를 억제해 혈압을 낮추는 펩티트(peptide)를 4종류 이상 가지고 있다. 고혈압 치료를 위한 식이요법(DASH) 실험 결과 시금치를 포함해 과일과 야채 섭취를 늘리면 8주 이내에 혈압이 상당히 낮아지는 것이 확인되었다.

천식 녹색 잎줄기 채소 섭취량이 가장 많은 그룹의 사람들은 섭취량이 가장 적은 사람들보다 천식에 걸릴 확률이 18% 낮다.

기억력 시금치를 포함하는 녹색 잎줄기 채소는 노화성 정신 기능 쇠퇴를 지연시키는 것으로 추정된다.

이렇게 먹어보세요...

날로 먹거나 숨만 죽도록 살짝 데쳐 먹는데 시금치는 어떤 음식에든지 곁들여 먹을 수 있다. 또 어린 시금치잎은 샐러드 용으로 아주 좋다. 과일이나 야채 주스를 만들 때 시금치잎을 첨가하면 맛에는 별다른 변화를 주지 않으면서 영양가를 높일 수 있다. 또는 다음과 같이 시금치 오믈렛을 만들어 먹는다. 송송 썬 파, 마늘, 시금치, 신선한 허브를 기름에 재빨리 볶는다. 달걀 2개를 저어 넣은 후 신선한 후추를 뿌리고 달걀이 적당히 익을 때까지 가열한다.

10 마늘(Garlic)

고대 이집트인들은 심장 질환부터 기생충 및 암에 이르는 다양한 질병 치료에 마늘을 사용했다. 그로부터 3,000여 년이 지난 오늘날 현대 의학은 이러한 질병뿐만 아니라 더 많은 질환에 마늘의 효능을 인정하고 있다.

효능

콜레스테롤　알리신(allicin: 마늘을 썰거나 찧었을 때 나오는 마늘의 핵심 성분)은 간의 콜레스테롤 생산량을 줄이며 세포의 콜레스테롤 흡수를 방지한다. 마늘 정제(알약 형태)를 복용하면 '나쁜' LDL 콜레스테롤을 12% 까지 낮출 수 있고 트리글리세리드(triglyceride)는 27% 까지 낮출 수 있다.

혈액 순환　마늘은 소동맥 혈액 순환을 약 50% 가량 향상 시킨다. 이는 레이노병(Raynaud's disease)이나 동상 등 혈액 순환 장애와 관련된 질환을 완화시킬 수 있다.

혈액 희석(blood thinning)　마늘은 불필요한 혈전 생성을 줄인다. 일부 마늘 성분들은 아스피린 만큼이나 강력하며 심장 마비 및 일부 뇌졸중 발병률을 낮출 수 있다.

알레르기　아직 확실히 증명되지는 않았지만 흑마늘 추출물은 비염과 알레르기로 인해 눈물이 흐르는 증상(watering eyes)을 완화하는 데 효과가 있는 것으로 추정된다.

혈압 알리신 분해 과정에서 생성되는 황 화합물은 혈관을 이완시켜 혈압을 낮춘다. 실험에 따르면 마늘 추출물은 고혈압 환자들의 혈압을 평균 16.3~9.3 낮출 수 있는 것으로 나타났다.

암 마늘은 장에 암 유발 물질이 생기는 것을 억제한다. 연구에 따르면 일주일에 마늘 섭취량이 28.8g 이상인 사람들은 3.5g 이하인 사람들에 비해 직장암에 걸릴 확률이 약 1/3 위암은 절반 가량 낮게 나타났다.

비만 흑마늘 추출물은 지방 세포의 지방 축적을 억제하여 체중 감소에 도움이 된다. 또한 간 세포의 지방 축적량도 감소시킨다.

감염 실험 참여자들이 마늘 보충제를 12주간 섭취한 연구에 따르면 그 결과 감기에 걸릴 가능성이 낮아졌고 걸리더라도 지속 기간이 단축된 것으로 나타났다.

알고 있었나요?

특정한 환경에서 발효시켜 만드는 흑마늘은 마늘 특유의 강한 냄새가 없으면서도 광범위한 건강상의 혜택을 제공한다. 흑마늘은 풍미가 좋고 달콤한데 마늘이 살짝 가미된 당밀과 발사믹(balsamic)과 맛이 비슷하다.

이렇게 먹어보세요...

마늘은 어떤 음식에나 첨가하면 풍미를 더하는데 최상의 효과를 보려면 요리 순서 마지막에 사용해야 한다. 다음과 같이 그리스풍 아몬드 & 마늘 렐리시[1](relish)를 만들어 먹어도 좋다. 커다란 마늘 4쪽, 엑스트라 버진 올리브 기름 150ml, 빵 한 쪽, 화이트 와인 식초 30ml, 갈아 놓은 아몬드 100g을 모두 한데 섞은 후, 후추를 뿌려 마무리한다.

1 본래 과일, 채소에 양념을 해서 걸죽하게 끓인 뒤 차게 식혀 고기, 치즈 등에 얹어 먹는 소스. 여기서는 이것을 조금 변형한 레시피

11 버섯(Mushrooms)

양송이, 밤 버섯(chestnut mushroom), 포치니 버섯(porcini) 등 이미 익숙한 종류
외에도 이제는 아시아에서 이미 3,000년 넘게 애용되어온 약용 버섯들까지 구하기가
훨씬 쉬워졌다. 이 중에는 표고버섯처럼 신선한 상태로 거래되는 것도 있지만 말린 것
(잎새버섯; mitake) 이나 정제 형태(영지버섯; reishi)로만 판매되는 버섯도
있다.[1] 버섯 중에는 독성이 있는 것들도 있으므로 외래 '야생' 버섯의
경우에는 반드시 신뢰할 수 있는 곳에서 구입해야 한다.

---

1 이는 저자가 살고 있는 영국의 상황이며, 우리 나라의 상황은 이와 다르다.

효능

콜레스테롤   영지버섯 추출물은 혈중 콜레스테롤, '나쁜' LDL 콜레스테롤,
트리글리세리드를 감소시키는 데 상당한 효과가 있다. 건강한 실험 대상자
들이 4주 동안 영지 버섯을 먹은 결과 혈중 콜레스테롤이 낮아지고 항산화
력은 증가하는 경향을 보였다.

혈압   버섯을 많이 먹는 사람들은 거의 먹지 않는 사람들보다 혈압이 약 5
mmHg 낮다. 일부 식용 버섯(일본과 호주에 많은 송이버섯류(tricholoma),
영지버섯, 잎새버섯 등)은 일부 고혈압약과 비슷한 방식으로 앤지오텐신 전
환효소(ACE)를 억제하여 혈압을 낮춘다.

면역력   왕송이 버섯(tricholoma giganteum), 영지버섯, 잎새버섯, 목질진 진
흙버섯(상황버섯), 표고버섯 등의 약용 버섯에는 면역 조절에 관여하는 프로
테오글리칸(proteoglycans)이 함유되어 있는데 일본에서는 이들을 암, 바이러

스성 감염, 진균 감염에 대항해 면역력을 높이는 데 사용하고 있다. 영지버섯 추출물은 대상포진 및 포진후 신경통(post herpetic neuralgia)에 따르는 통증을 '급격히' 감소시키는 것으로 알려져 있다.

알고 있었나요?

시판되는 야생 버섯 수프는 대부분 공장에서 재배한 양송이 버섯으로 만들기 때문에 정작 야생 버섯 함유량은 1% 이하인 경우가 있다. 사는 대신 직접 재배하여 먹자!

전립선 영지버섯은 항안드로겐(anti- androgen: 항남성호르몬물질) 기능이 있다. 양성 전립선 비대증에 따른 하부 요로 질환(lower urinary tract symptom)이 있는 남성들 88명을 대상으로 한 연구 결과 영지버섯은 테스토스테론 수치에 영향을 주지 않으면서 국제 전립선 증상 지수(International Prostate Symptoms Score)를 향상시키는 것으로 나타났다.

체중 라자냐(lasagna)나 칠리(chilli) 같은 요리에 소고기 대신 흰 양송이 버섯을 사용하면 맛이나 포만감에 지장을 주지 않으면서도 칼로리 섭취는 반으로 줄일 수 있다. 일 년 동안 일주일에 한 번씩 이렇게 먹으면 체중이 2.3kg 준다.

이렇게 먹어보세요...

생 버섯을 얇게 썰어 샐러드에 첨가하거나 마늘과 함께 올리브 기름에 볶거나, 부용[1] 에 살짝 데치거나, 으깬 버터넛 스쿼시[2]와 파슬리를 섞어 오븐에 구워 먹는다. 또는 다음과 같이 부드러운 버섯 토스트를 만들어 먹어도 좋다. 얇게 썬 붉은 양파, 마늘, 신선한 허브(타임, 파슬리)를 버섯 한 줌과 함께 부드러워질 때까지 볶는다. 여기에 저지방 생크림을 조금 넣고 후추로 간을 한 후 구운 호밀 빵에 얹어 먹는다. 영지버섯이나 잎새버섯을 활용할 수도 있다.

1 고기나 채소를 끓여 만든 육수로, 맑은 수프나 소스용으로 쓰임
2 다양한 호박 종류 중 가장 널리 사용되는 것 가운데 하나로 목이 길고 몸통은 구근처럼 생긴 호박

12 콩(Soybeans)

콩에는 식물 호르몬의 일종인 이소플라본(isoflavone)이 함유되어 있다. 이것은
체내에서 대장 박테리아에 의해 분해되어 에스트로겐(oestrogen)과
유사한 기능을 하는 활성형 제니스테인(genistein)과 다이제인
(daidzein)을 분비한다. 이들은 휴먼 에스트로겐(human
oestrogen)에 비하면 훨씬 약하지만 그럼에도 호르몬
기능을 보강하는데 상당한 도움이 된다.

효능

폐경기 몇몇 연구들에 따르면 콩의 이소플라본은 폐경때 안면 홍조(hot
flush)와 식은땀 증상을 1/3이상 경감시킨다. 이는 동양식 식사를 하는 여성
들 가운데 안면 홍조 증상을 호소하는 비율은 25% 미만인 반면 서양 여성들
의 경우는 85% 에 달하는 이유를 설명해 준다.

월경 전 증후군(pre-menstrual symptom) 이소플라본 보충제는 두통, 유방
압통, 경련, 부기 등의 증상을 완화시킬 수 있다.

골다공증 10개의 연구들을 분석한 결과 이소플라본을 꾸준히 섭취하는 사
람들은 섭취량이 적은 사람들에 비해 척추 골밀도가 상당히 높은 것으로 나
타났다.

심장 질환 콩 이소플라본은 혈액내 에스트로겐 수용체와 상호작용하여 관
상 동맥 확장을 촉진하고 동맥 경직도와 혈압 및 LDL 콜레스테롤을 낮추며

혈액 점성[1]과 혈소판 응집 현상을 경
감시킨다. 콩 단백질을 매일 40g 씩
섭취하면, 12주 이내에 혈압을 최소
한 7/5mmHg 낮출 수 있다.

기억력 젊고 건강한 남녀 학생들,
남성들, 폐경기 이후 여성들이 콩 제
품을 많이 먹으면 기억력 및 전두엽 기능이 향상되는 것으로 나타났다.

전립선암 24개의 실험 분석 결과, 발효되지 않은 콩 제품은 전립선암의 상
대적 발병률을 30%, 이소플라본 보충제는 12% 낮추는 것으로 나타났다.
유방암 21,852명의 일본 여성들을 대상으로 한 실험 결과 이소플라본 섭취
량이 가장 많은 그룹이 기타 요인들을 조정한 후에도 유방암 발병률이 54%
낮게 나타났다.

---

1 혈액이 끈적거리는 정도

**이렇게
먹어보세요...**

두부, 저염 간장과 같은 콩 제품을 선택해 수프, 스튜, 볶음 요리에 활용하거나 쉐이크에 콩
단백질 파우더를 첨가해 마신다. 다음과 같이 사과 뮤즐리를 만들어도 좋다. 그릇에 포리지
용(porridge)[2] 귀리를 한 줌 넣고 건포도, 호두, 계피를 약간 뿌리고, 재료가 잠기도록 두유를
부어 섞은 후 이것을 냉장고에서 하룻밤 불린다. 먹기 전에 사과 한 개를 갈아 넣고 여기에 취
향에 따라 무설탕 사과 주스를 첨가해도 좋다.

---

2 주로 오트밀(귀리)에 우유나 물을 부어 걸쭉하게 죽처럼 끓인 음식

13 견과류(Nuts)

견과류에는 항산화제, 비타민, 미네랄 및 몸에 좋은 단일 불포화 지방과 오메가-3 오일이 풍부하다. 그럼에도, 유럽 10개국의 식품 섭취에 관한 연구 결과를 보면, 37,000여 명 중 단지 4.4% 만이 응답 시점으로부터 24시간 이내에 나무 견과류 (tree nuts)를 먹었다고 응답했으며 땅콩을 먹었다고 답한 경우는 2.3%에 불과했다.

효능

콜레스테롤　견과류에 들어 있는 가용성 섬유소와 식물성 스테롤(phytos-terol)은 콜레스테롤 흡수를 감소시킨다. 또한 견과류의 플라보놀 항산화 성분은 LDL콜레스테롤의 산화를 방지해 처리 장소인 간으로 운반되는 과정을 용이하게 만든다. 견과류를 매일 한 줌씩 먹으면 심장 마비와 뇌졸중 위험을 최소한 20% 낮출 수 있을 만큼 '나쁜' LDL 콜레스테롤이 줄고 '좋은' HDL 콜레스테롤은 증가한다.

암　브라질 호두(Brazil nuts)는 강력한 항산화 효소를 만드는데 필요한 셀렌(selenium) 함량이 가장 높은 식품이다. 최상의 항암 작용을 위해 필요한 셀렌의 최소 일일 섭취량은 하루 75~125mcg인데 이는 브라질 호두 2~3개에 해당하는 양이다.

체중　견과류는 칼로리가 높지만 대체 식품으로 활용시 체중이 증가하지 않는다. 견과류는 고단백 식품으로 식욕을 억제하는 효과도 있기 때문이다.

연구에 따르면 견과류를 꾸준히 섭취하는 사람들은 별로 먹지 않는 사람들에 비해 총 지방 섭취량이 많음에도 불구하고 신체 용적지수(BMI)[1]가 낮다.

심장 질환 단일 불포화 지방과 오메가-3 필수 지방산은 심장 질환 예방에 도움이 된다. 13,000명 이상을 대상으로 한 최근 연구에 따르면 꾸준한 견과류 섭취는 심장 질환의 4가지 위험 요소인 혈압, 콜레스테롤, 체중 및 하이 패스팅 포도당(high-fasting glucose) 수치를 낮춘다.

호르몬 밸런스 견과류, 특히 아몬드, 캐슈(cashew), 헤이즐넛(hazelnut), 땅콩, 호두 및 견과류에는 에스트로겐과 유사한 식물성 화학 물질(피토케미컬)이 풍부하다. 특별히 폐경기에 좋다.

---

1 체중(kg)을 신장(m)의 제곱으로 나눈 비만도 지수

이렇게 먹어보세요...

견과류를 시리얼, 디저트, 요구르트, 샐러드 또는 집에서 만드는 빵에 첨가한다. 견과류를 샐러드 드레싱으로 사용해도 좋고 건강 식품점에서 판매하는 견과류 우유를 마시는 것도 좋다. 또는 다음과 같이 견과류를 볶아 건강 스낵으로 즐긴다. 중간 불로 팬을 달군 후 무염 혼합 견과(껍질 깐 것)를 한 줌 넣고 몇 초간 살짝 볶는데 견과류가 노랗게 변하면 팬을 흔들어 준다 (태우지 않도록 조심한다!) 접시에 담아 식힌다.

14 올리브 기름(Olive oil)

올리브 기름은 수퍼 건강식인 지중해식 식단의 필수
재료이다. 올리브 기름의 주요 구성 성분인 단일 불포화
올레산은 콜레스테롤의 흡수를 줄이고 '좋은' HDL 콜레스테롤
수치를 그대로 유지하면서 총 콜레스테롤 및 '나쁜' LDL 콜레스테롤 수치를
낮춘다. 또한 올레산은 비정상적 혈전 생성을 줄이고 포도당 조절에도 도움을 준다.

효능

혈압   고혈압약을 복용하는 사람들을 대상으로 한 연구 결과에 따르면 6개월 동안 매일 올리브 기름 30~40g을 요리에 사용한 그룹은 80%가 약을 끊을 수 있었던 반면 해바라기 기름을 사용한 그룹은 고혈압약이 계속 필요한 것으로 나타났다.

뇌졸중   올리브 기름의 혈압을 낮추는 기능은 뇌졸중 발병률을 70% 까지 낮출 수 있다.

콜레스테롤 균형   올리브 기름에는 내장의 콜레스테롤 흡수를 억제하는 식물성 스테롤이 들어 있다. 이 성분은 간에서 처리되어 해로운 LDL 콜레스테롤 생산을 줄이고 혈중 트리글리세리드(또 다른 종류의 지방) 수치를 낮춘다. 이러한 효과는 퓨어 올리브 기름(pure olive oil; 사실은 혼합물인)에 비해 버진 올리브 기름이나 엑스트라 버진 올리브 기름이 더 뛰어나다.

포도당 조절 올레산은 인슐린 민감성(insulin sensitivity)을 높인다. 2형 당뇨병 환자들이 매일 탄수화물 식품을 올리브 기름 10~40g으로 대체하면 증상이 개선되며 90%가 넘는 예방 효과가 있는 것으로 추정된다.

심장 질환 올리브 기름(총 지방 함량 34%중 단일불포화 지방산이 21% 이고 7% 만이 포화 지방)을 풍부히 활용한 식단은 심장 마비 발병률을 25% 낮출 수 있다.

이렇게 먹어보세요...

고온에서도 안정적인 퓨어 올리브 기름은 튀김이나 구이에 사용하고 엑스트라 버진 및 버진 올리브 기름은 약한 불로 조릴 때나, 음식과 샐러드에 뿌리는 용도로 사용한다. 다음과 같이 허브 드레싱을 만들어도 좋다. 돌려 닫는 뚜껑을 가진 작은 병에 엑스트라 버진 올리브 기름 60ml, 레드 와인 식초 45ml, 마늘 한 쪽 으깬 것, 신선한 허브 한 줌 다진 것, 신선한 후추 약간을 모두 넣는다. 뚜껑을 닫고 병을 잘 흔들어 유화시킨 다음, 샐러드에 뿌린다.

15 초콜릿(Chocolate)

다크 초콜릿의 고형 코코아에는 어떤 다른 식품보다 더 많은 항산화 성분이 들어 있다(예를 들어 다크 초콜릿은 동일한 무게의 블루베리보다 항산화 성분이 5배나 많다). 일부 플라보노이드는 단량체(monomer)[1] 만을 함유하고 있는데 비해 다크 초콜릿에는 2~3개 또는 그 이상 단위로 이루어진 중합체(oligomer)[2] 가 특히 풍부한데 이것이 건강에 훨씬 이롭다.

---

1 화학 반응으로 고분자 화합물을 만들 때 단위가 되는 물질
2 분자가 기본 단위의 반복으로 이루어진 화합물

효능

심장 질환   다크초콜릿은 혈구 응집 현상 및 감염을 줄이는 한편 인슐린 민감성과 '좋은' HDL 콜레스테롤을 증가시키고 혈압 및 '나쁜' LDL 콜레스테롤은 감소시킨다. 연구 결과 다크 초콜릿을 매일 45g씩 먹으면 해로운 LDL 콜레스테롤이 산화되어 동맥 내벽에 누적되는 것을 막아 관상 동맥의 혈액 순환이 크게 개선되는 것으로 나타났다.

혈압   영국 의학 저널(British medical journal)에 게재된 한 연구에 의하면 다크 초콜릿을 매일 100g씩 먹으면 혈압을 평균 5.1/1.8mmHg 낮출 수 있는데 이는 심장 마비 및 뇌졸중 발병률을 21% 낮출 수 있는 수치이다. 또 다른 연구에서는 코코아를 많이 마시는 노년층 남성의 경우 거의 마시지 않는 남성들에 비해 혈압이 3.7/2.1mmHg 낮았고 15년에 걸친 추적 연구 기간 동안 심혈관 질환(cardiovascular) 및 기타 다른 질환으로 사망한 사례가 절반 정

<u>스트레스</u> 차에 있는 테아닌(theanine)은 스트레스를 줄이고 긴장을 푸는 데 도움을 주는 아미노산이다.

<u>체중 감량</u> 녹차는 우리 몸의 열량 연소 비율을 24시간 동안 최고 40%까지 증가시킨다. 또한 녹차는 지방 소화에 필요한 장 효소의 활동을 억제함으로써 지방의 체내 흡수량을 줄인다. 몇몇 실험에서는 체중 감량 요법에 녹차 추출물을 첨가하면 지방 제거가 촉진된다는 사실이 관찰되었다. 60명의 비만 성인들이 참여한 이와 같은 실험에서 3개월 동안 11kg이 감량되었다.

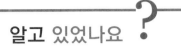

알고 있었나요?

카페인 섭취를 자제하는 중이라면 차를 신중하게 선택해야 한다. 녹차 한 잔은 카페인 함량이 20mg, 홍차는 40mg인데 비해 화이트 티는 15mg정도이다.

이렇게 먹어보세요...

녹차, 홍차, 또는 화이트 티를 하루에 3~5잔씩 규칙적으로 마신다. 마시다 남은 식은 차는 말린 과일을 불리는데 사용하거나 소스, 수프, 스튜의 기본 국물로 활용하거나 아이스크림을 만드는데 사용한다. 또는 다음과 같이 녹차 콤포트(compote)¹를 만들어 본다. 잘게 썬 반건조 살구, 자두, 대추, 무화과, 건포도에 뜨거운 녹차를 붓고 차가워질 때까지 우린다. 여기에 피스타치오를 뿌리고 저지방 프로마쥬 프레이(fromage frais)² 나 바이오 요구르트와 함께 먹는다.

---

1 설탕에 졸여 차게 식힌 과일 디저트
2 요구르트 비슷한, 아주 연한 치즈

18 향신료(Spices)

향신료에는 자극적인 맛과 관련된 여러 독특한 화학물질들이 들어 있다.
소량만 사용해도 과일이나 야채의 한 끼 분량보다 더 많은 항산화 성분을
제공해 주는 경우가 흔하다. 예를 들어 후추 1g에는 토마토 100g에
상응하는 항산화 성분이 들어 있다.

효능

통증　고추에는 엔돌핀(뇌에서 분비되는 몰핀과 유사한 진통 성분) 분비를
촉진하고 신경계의 통증 신호 절달을 억제하는 캡사이신(capsaicin)이 들어
있다. 고추 이외에 진통 기능이 있는 향신료로는 스타아니스(star anise), 정향
(clove), 쿠민(cumin), 회향(fennel), 생강, 겨자, 강황 등이 있다.

혈액 순환　고추에 들어 있는 캡사이신은 혈관을 확장시켜 혈압을 낮출 수
있다. 계피, 호로파(fenugreek), 생강은 트리글리세리드, 혈압, LDL 콜레스테
롤을 낮춰 준다.

관절염　강황과 생강에는 쿠르쿠민(curcumin)이라는 성분이 함유되어 있는
데 여기에는 골관절염의 연골 손상 치료에 사용되는 일부 약품 만큼이나 강
력한 소염 기능이 있다.

천식　쿠르쿠민은 아유르베다 의학(Ayurvedic medicine)[1] 및 중국 의학에서
천식 등의 호흡기 질환 치료에 사용된다. 평활근을 이완시켜 기관지 경련, 기

---

1 식이 요법, 약재 사용, 호흡 요법을 조합한 인도 전통 의술

침, 점액 생산을 줄이는 것으로 보인
다.

알고 있었나요 ?

향신료 가운데 항산화 성분 수치가 가장
높은 것은 정향이며(1g 당 3,144 단위),
계피(2,675 단위), 강황(1,592 단위), 넛
멕(1.572 단위), 쿠민(768 단위) 이 그 뒤
를 잇는다.

당뇨병 계피는 췌장 베타 세포(beta-
cell)의 인슐린 분비를 촉진하는 것으
로 추정된다. 또한 시나몬 추출물은 2
형 당뇨병 환자들의 혈중 포도당 수치
를 10~29% 높이는 것으로 나타났다.
예비 단계의 연구에 따르면 생강은 당뇨병에 따른 신장 손상을 줄이고 호로파
(fenugreek)는 소변의 포도당 함량을 절반으로 줄일 수 있는 것으로 추정된다.

장 질환 강황 추출물은 과민성 대장 증상의 심한 정도를 절반으로 줄일 수
있다. 또 궤양성 대장염 환자들의 약물 요법에 강황 추출물을 첨가하면 재발
률을 크게 줄일 수 있다.

메스꺼움 생강은 수술 후 메스꺼움이나 구토 증상, 멀미, 입덧에 효과적인
치료제이다.

**이렇게
먹어보세요...**

카레, 수프, 스튜에 여러 가지 향신료를 사용하고 쌀로 만든 음식이나 디저트에 색을 낼 때는
강황을 사용한다. 강황이나 생강 차, 드라이 진저 에일¹을 마신다. 또는 다음과 같이 매콤한
사과 구이를 만들어 먹는다. 사과를 씻어 씨 부분을 제거한 다음, 작은 베이킹 용기에 담는다.
사과마다 정향 4개씩을 꽂고 건포도, 버터 한 조각, 계피 약간으로 가운데를 채운다. 여기에
스테비아를 첨가해 달콤하게 만든 뜨거운 생강 차를 3mm 정도 올라 오도록 붓는다. 사과가
부드러워질 때까지 45분 동안 굽는다.

---
1 생강을 첨가한 탄산 음료

19 기름기 많은 생선(Oily fish)

기름기 많은 생선에는 긴 사슬(long-chain) 오메가 지방산, 특히 EPA와 DHA가 풍부하다. 이들은 체내에 흡수되어 면역 반응을 조절하고 염증을 감소시키는 물질로 전환된다(생선 이외에 오메가- 3를 함유한 식품으로는 남조류(blue-green algae), 호두, 아마씨유(flax-seed oil), 대마유(hemp oil) 등이 있으며, 채식주의자들을 위해 조류의 DHA로 만든 보충제도 있다.).

효능

심장 질환 오메가-3 생선 기름은 혈압, 혈액 점성, 혈중 지방 수치에 이로운 영향을 미친다. 일부 비정상적 심장 박동, 특히 혈액 공급이 부족한 심근육 치료에 효능이 있다. 기름기 많은 생선 섭취를 약간만 늘려도 심장 마비 발병률을 줄일 수 있다.

뇌졸증 기름기 많은 생선을 일주일 단위로 꾸준히 섭취하는 사람들은 그렇지 않은 사람들에 비해 뇌졸중으로 인한 사망률이 12% 더 낮다. 기름기 많은 생선을 먹는 횟수가 일주일에 한 번 더 증가할 때마다 뇌졸중 사망률은 2% 씩 낮아진다.

AMD(노화성 황반 퇴화) 오메가-3 생선 기름은 노화성 황반 감퇴의 진행을 늦춘다.

염증성 질환 생선을 일주일에 두세 번 먹으면 천식, 염증성 장 질환, 류마티스 관절염 및 건선(psoriasis) 발병률이 낮아진다. 생선 기름의 진통 기능은 관절 통증 및 부기를 줄이는 데 사용되는 비 스테로이드계 소염제 와 유사하다.

뇌 건강 오메가-3 생선 기름은 뇌 세포막에서 중요한 구조적 역할을 담당하는데 이들의 유동성을 증가시켜 세포간 정보 전달을 더 신속하게 만든다. 또한 우울증에도 효과가 있다.

암 생선 기름은 종양 세포의 성장을 억제하고 암 환자들의 체중 손실을 적게하며 암 치료에 도움을 준다. 몇몇 연구들에 따르면 일주일 단위 생선 섭취량이 100g씩 증가함에 따라 장암 발병률도 약 3% 씩 낮아진다.

알고 있었나요?

기름기 많은 생선의 종류는 다음과 같다. 멸치류(anchovies; 무염), 소금에 절여 훈제한 청어(bloater), 카샤(cacha), 잉어(carp), 장어, 청어(herring), 힐사(hilsa), 강꼬치고기(jack fish), 카틀라(katla), 키퍼(kipper), 고등어(mackerel), 오렌지 러피(orange roughy), 팬거스(pangas), 필처드(pilchard), 연어, 정어리(sardine), 스프랫(sprat), 황새치(swordfish), 송어, 참치(캔 말고 신선한 것), 화이트베이트(whitebait).

이렇게 먹어보세요...

생선은 가능한 신선한 상태로 먹는 것이 좋은데 날로 먹거나(초밥, 회), 찌거나, 석쇠 또는 오븐에 구워 먹는다. 또는 다음과 같이 견과류를 섞은 오트밀 청어를 만든다. 청어 한 조각을 우유에 담갔다가 굵은 오트밀(귀리 가루), 다진 피컨, 으깬 후추 섞은 것으로 옷을 입힌다. 약한 불로 올리브 기름에 튀긴다. 레몬 주스를 뿌린 후, 물냉이를 깐 접시에 놓는다.

20 요구르트(Yogurt)

유산균 요구르트는 몸에 이로운 박테리아를 함유한 우유 발효 식품이다. 이러한 박테리아들은 젖산(lactic acid)을 생성하며 '생균제(probiotic)'라고도 불린다. 이들은 산에 내성이 있기 때문에 상당량이 위에서 살아 남아 대장까지 도달하며 여기서 가스 유발 박테리아의 성장을 억제하고 면역력을 강화하며 소화를 돕는다.

효능

혈압 젖산 박테리아는 많은 고혈압약의 타깃 효소인 안지오텐신 전환 효소(ACE)를 억제하여 고혈압 증상을 완화시킨다. 또한 요구르트 등의 유제품에 함유된 미네랄 성분은 고혈압 및 뇌졸중 위험을 줄이는 것으로 밝혀졌다. 알레르기 젖산 박테리아는 알레르기 반응 대신 면역 기능을 향상시켜 항체 생산을 유도 함으로써 천식, 습진 등의 알레르기 반응을 줄인다. 연구 결과에 따르면 임신 기간 중 생균제를 섭취한 여성의 자녀들은 적어도 유아기에는 습진 발병률이 낮다.

과민성 대장 증후군 14개의 실험을 종합 분석한 결과 장에 서식하는 젖산 생성 박테리아를 보충해 주면 과민성 대장 증후군(IBS)이 개선되는데 단독으로 사용할 수도 있고 일반적인 항경련 약품과 함께 사용할 수도 있다.

설사 요구르트에 함유된 일부 박테리아는 살모넬라(Salmonella), 시겔라(Shigella), 클로스트리듐(Clostridium) 등 위장염(gastroenteritis)을 유발하는 해로운 박테리아의 성장을 억제한다. 항생제 복용에 따른 설사에도 효과가 있다.

감기 비타민, 미네랄, 생균제는 힘을 합해 면역력 향상에 기여한다. 연구 결과에 따르면 종합비타민과 미네랄이 첨가된 생균제를 복용하는 사람들은 종합비타민만 섭취하는 사람들에 비해 감기나 독감 발병률이 낮고 걸리더라도 증상이 약하며 열이 나는 기간도 절반 이하인 것으로 나타났

알고 있었나요 ?

노벨상 수상자인 일야 메치니코프(Ilya Mechnikov)는 불가리아 젖산간균(L. bularicus)이 들어 있는 유산균 요구르트가 불가리아 농부들의 장수에 기여한다고 믿었다.

다. 또한 모든 면역 세포의 기능이 더 활발한 것으로 나타났다.

아구창(Thrush) 소화관에 자연 서식하며 젖산을 생산하는 박테리아는 질 칸디다 감염(vaginal candida infection)을 유발하는 효모균의 성장을 억제한다. 생균제와 항균제인 플루코나졸(fluconazole)을 함께 복용하면 효모균 생산을 감소시켜 치료에 상당한 도움이 된다.

이렇게 먹어보세요...

유산균 바이오 요구르트를 아침 식사용 시리얼과 함께 먹거나 잘게 썬 과일을 첨가해 디저트로 먹는다. 수프와 소스에 첨가하거나 샐러드 드레싱이나 스무디에 활용해도 좋다. 또는 다음과 같이 베리 크런치(berry crunch)를 만든다. 저지방 바닐라 바이오 요구르트에 신선한 베리를 한 줌 넣고 그래놀라(granola)[1]를 얹어 먹는다!

1 볶은 곡물, 견과류 등이 들어간 아침 식사용 시리얼의 일종

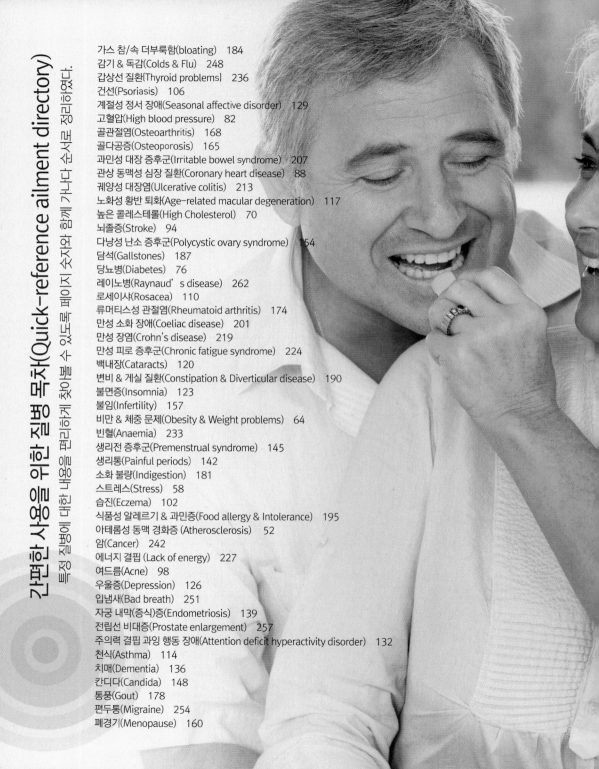

간편한 사용을 위한 질병별 목차(Quick-reference ailment directory)

특정 질병에 대한 내용을 편리하게 찾아볼 수 있도록 페이지 숫자와 함께 가나다 순서로 정리하였다.

PART 2

질병을 예방하고
치료하는 음식

아테롬성 동맥 경화증(Atherosclerosis)

아테롬성 동맥 경화증은 동맥이 굳어지고 동맥 내부에 이물질이 쌓이는 질환이다. 이러한 현상은 주요 동맥 벽에 지방층이(fatty streak) 축적됨에 따라 이미 젊었을 때부터 시작해 50세에 이르면 대부분의 사람들에게 그 증상이 나타난다. 그러나 항산화 성분, 엽산, 비타민 B_6 및 B_{12}가 풍부한 음식을 먹으면 예방 및 치료에 도움이 된다.

아테롬성 동맥 경화증은 동맥 벽의 노화 및 손상에 대한 인체의 반응이다. 이러한 손상의 원인은 관리되지 않은 고혈압 문제, 콜레스테롤 수치 상승, 당뇨병, 흡연, 빈약한 식사 (특히, 기름지고 항산화 성분이 부족한 식사) 등이다. 일단 손상이 생기면 작은 순환성 세포 입자(혈소판)가 치료를 촉진하기 위해 작은 혈전을 생성한다. 동맥 손상이 누적되면 경미한 염증이 발생해 스케빈저 세포(scavenger cell)를 끌어 모으는데 여기에 산화된 콜레스테롤(혈액 순환의 배설물)이 달라붙으면서 지방 침착물이 형성된다. 시간이 지나면서 이 스케빈저 세포는 두꺼운 플라크(아테롬; atheroma)를 형성하고 이들이 동맥 내부로 불거져 나옴에 따라 동맥이 좁아진다. 염증 역시 동맥 벽을 손상시켜 동맥의 섬유질화 및 경직화를 진행시킨다. 이 결과 동맥의 탄성이 떨어지면 심장 박동 때마다 상승하는 혈압이 다시 안정적으로 내려가지 않게 된다. 아테롬성 동맥 경화증이 진행되면 박동 사이 심장이 휴식을 취할 때에도 혈압이 상승해 더 심각한 문제를 유발한다. 이러한 악순환이 고착됨에 따라 심장에 가해지는 부담이 증가하게 된다.

무엇이 원인인가? 아테롬성 동맥 경화증과 관련된 요인들:

- 노화 • 가족력 • 흡연 • 과체중 • 당뇨병 • 고혈압
- 빈약한 식사

다크 초콜릿에는 아테롬성 동맥 경화를 예방하는 플라반-3 올(flavan-3 ol)이
함유되어 있다.

도움이 되는 식품

- 항산화 성분이 풍부한 과일, 채소, 콩, 견과류를 충분히 먹는다.
- 엽산, 비타민 B_6, B_{12}의 섭취를 늘린다. 이들은 동맥 내벽을 손상시켜 아테
  롬성 동맥 경화를 촉진하는 해로운 아미노산인 호모시스테인(homocys-

동맥 건강 체크리스트

- 식품 성분표를 확인하여 트랜스지방함량(부분 경화 고도불포화 지방(partially hydrogenated polyunsaturated fat)으로 표기하기도 한다)이 가장 적은 것으로 고른다.
- 한 번 쓴 기름을 재활용하거나 연기가 날 정도로 기름을 과열하지 말아야 하는데 이렇게 하면 산화 작용이 가속화된다.
- 마늘은 요리 마지막에 첨가해 효능을 최대화 한다.
- 금연한다.
- 과도한 체중을 감량한다.
- 하루에 최소한 30분 이상(가급적 1시간) 규칙적으로 빨리 움직이는 운동을 한다.

teine) 수치를 낮춘다. 이런 영양소가 풍부한 식품으로는 비타민 강화 시리얼, 진녹색 채소(케일, 시금치 등), 통 알곡, 기름기 많은 생선, 육류, 견과류, 아보카도, 달걀, 이스트 추출물 등이 있다.

- 다크 초콜릿을 먹는다. 다크 초콜릿에는 혈소판 기능을 향상시켜 아테롬성 동맥 경화증을 예방하는 것으로 추정되는 플라반-3 올(flavan-3-ol)이 함유되어 있다.

불포화 지방이 풍부한 기름 선택	오메가-3가 풍부한 기름 선택	오메가-6 함량이 높은 기름 줄이기:
마카다미아, 헤이즐넛, 아몬드, 올리브, 아보카도, 유채씨 기름	생선, 마카다미아, 아보카도, 호두, 아마씨 기름	홍화유(safflower oil), 포도씨유, 해바라기유, 옥수수유, 목화씨유, 콩 기름

- 토마토 섭취를 늘린다. 토마토에는 항산화성 리코펜(lycopene)이 함유되어 있으며 토마토씨를 둘러싼 '젤리'는 혈소판 점성을 낮춘다. 토마토를 많이 먹을수록 동맥이 두꺼워지는 정도가 덜하다. 토마토는 생으로 먹는 것보다 익혔을 때 유용한 성분들이 더 많이 분비되므로 스푸, 스튜, 소스 등에 활용한다.
- 요리에 향신료를 활용한다. 마늘과 생강은 혈소판 응집 현상을 줄이고 동맥벽을 이완시켜 혈액 순환을 향상시킨다. 또 강황과 고추에는 혈관을 확장시켜 혈액 순환을 향상시키는 항산화 성분이 들어 있다.

피해야 할 식품

- 혈압 개선을 위해 소금 섭취량을 줄인다.
- 지방 섭취량을 줄이고 몸에 좋은 기름을 선택한다("지방에 관한 진실" 참조)

지방에 관한 진실

대부분의 식품성 지방은 포화 지방, 불포화 지방, 고도불포화 지방이 다양한 비율로 혼합된 형태이다. 일반적으로 포화 지방은 상온에서 고체 상태인 반면 불포화 지방과 고도 불포화 지방은 기름 상태이다.

지나친 포화 지방 섭취는 혈중 콜레스테롤 수치를 상승시키고 아테롬성 동맥 경화증을 유발하는 것으로 간주되어 왔다. 그러나 오메가-6 고도불포화 지방산의 과다 섭취 및 오메가-3 고도불포화 지방산이나 불포화 지방 결핍이 아테롬성 동맥 경화증의 발병률을 높인다는 증거들이 급격히 늘고 있다. 이 중에서도 트랜스 지방은 특별히 해롭다. 이들은 고도불포화 기름을 요리용 지방이나 마가린 등 고체 형태로 만들 때 수소를 사용해 경화 처리하는 과정에서 발생한다. 트랜스 지방은 '나쁜' LDL 콜레스테롤을 증가시키고 '좋은' HDL 콜레스테롤은 감소시키며 염증을 증가시킨다. 이런 이유로, 요즈음 마가린과 저지방 스프레드는 트랜스 지방 함량을 줄이기 위해 새로운 제조 방법을 사용한다. 결론적으로 몸에 좋은 불포화 지방과 오메가-3 지방이 풍부한 식품을 섭취하도록 노력해야 한다(앞 페이지 표 참조).

🥘 병아리콩 마살라(Chickpea Masala[1])

올리브 기름이나 유채씨기름 15ml [2]

적양파 1개, 잘게 썬 것

엄지 손가락만한 크기의 신선한 생강, 간 것

강황 5ml

가람 마살라(garam masala) 5ml

쿠민 간 것 5ml

덜 매운 빨간 고추 2개, 채 썬 것

마늘 4쪽, 다진 것

토마토 큰 것 4개, 잘게 썬 것(또는 400g 짜리 캔 1개)

토마토 퓌레 15ml

레몬 1개, 즙과 얇게 썬 껍질

익힌 병아리콩 1캔(400g), 씻어서 물기 뺀 것

물 300ml

어린 시금치잎 200g, 씻은 것

새로 간 신선한 후추

(4인분)

- 웍(wok)[3]에 양파를 넣고 재빨리 볶는다. 생강, 강황, 가람 마살라, 쿠민, 고추를 넣고 약한 불에서 몇 초간 볶는다.
- 여기에 시금치를 제외한 나머지 재료를 모두 넣고 10~15분 간 은근히 끓인다.
- 마지막으로 시금치를 첨가해 숨을 죽인다. 입맛에 맞게 후추를 뿌리고 마무리한다.

---

1 인도 음식에 사용되는 혼합 향신료
2 15ml: 테이블 스푼, 5ml: 티스푼
3 중국 음식을 볶거나 요리할 때 쓰는 우묵하게 큰 팬

토마토 섭취를 늘리자.

스트레스(Stress)

스트레스는 특정한 시기에 느끼는 감당하기 어려운 압박감(실제일 수도 있고 그렇게 느끼는 것일 수도 있는)을 일컫는 현대적 용어이다. 오늘날에는 스트레스로 고통받는 사람들이 점점 더 증가하고 있지만 혈당 지수(GI)[1]가 낮은 음식을 먹으면 도움이 된다.

스트레스 한계점(stress threshold)은 사람마다 다르며 현재 처한 환경과 조건에 따라서도 달라진다. 예를 들어 건강하고 잘 먹으며 적절히 쉬고 또 좋은 인간 관계를 유지하고 있다면 건강이 안 좋거나 식사를 걸렀거나 다투느라 밤을 꼬박 세웠을 때보다 더 큰 스트레스를 감당할 수 있다.

---

1 Glycemic Index: 몸에 들어온 탄수화물이 '얼마나 빨리 혈중으로 섞여 인슐린을 유발하는가'를 나타낸 상대 지표
2 쌀 보리 등 곡물의 겨
3 배추 뿌리같이 생긴 채소

혈당 지수(GI)가 낮은 식품: 맘껏 먹는다	혈당 지수(GI)가 중간인 식품: 적당히 먹는다	혈당 지수(GI)가 높은 식품: 조금만 먹는다
브랜(bran)[2] 시리얼	현미	파스닙(parsnip)[3]
구운 콩	통밀 파스타(적당히 씹히는 맛이 있도록 삶은 것)	구운 감자
고구마, 당근, 망고, 키위, 콩, 포도, 오렌지, 사과, 배, 베리류를 포함하는 대부분의 과일과 채소	꿀	콘플레이크
	햇감자(삶은 것)	건포도
	말린 살구, 대추, 무화과	도넛
	바나나	빵
	감자 칩 / 칩	감자(으깬 것)
	스위트 콘	
	포리지 귀리	
	뮤즐리	

질병을 예방하고 치료하는 음식

- 변화   • 통제 불가능한 상황   • 마감일의 압박감   • 성격 유형
- 지나친 자극(소음, 빛, 극심한 기온, 인구 과밀)

요가를 해 본다…

스트레스 대응 체크리스트

- 스트레스 일기를 써서 스트레스 요인을 파악하고 이에 대해 분석한다
- 긍정적으로 생각한다 - 스트레스가 심한 상황도 감당할 수 있다고 생각하면 성공할 확률이 높아진다.
- 어려운 상황을 위협이라기 보다는 기회로 받아들인다. 만약 실패해도 실수를 통해 배우는 기회로 삼는다. 결국 모든 것이 적극적인 자세에 달려있다.
- 타당한 비판을 잘 받아들여 발전의 기회로 삼는다.
- 자신의 성취를 깎아내리지 말고 칭찬을 받아들인다.
- 규칙적으로 운동한다. 빨리 걷는 것은 스트레스 호르몬을 상쇄시킨다. 기분 전환이 되고 긴장이 풀림에 따라 더 효과적으로 일할 수 있다.
- 몸을 진정시키고 불안감을 해소하기 위해 요가를 한다.
- 스트레스로 인한 고통이 지속되는 경우에는 상담, 심리 치료(psychotherapy), 인지 행동 치료(cognitive behavior therapy) 등을 고려해 본다.

급성 스트레스 증상을 유발하는 물질은 아드레날린(adrenaline) 호르몬으로 이 호르몬은 우리 몸이 에너지를 써 전투나 도주에 대비하도록 만든다. 본래는 전투나 도주에 따르는 격렬한 운동으로 이 에너지가 소비되면서 스트레스 반응이 상쇄되는 단계를 밟는다. 그러나 현대 사회에서는 전투나 도주가 필요한 상황이 거의 없기 때문에 스트레스가 계속 쌓이게 되고 에너지가 고갈되며 신체적, 정신적으로 탈진한 것처럼 느껴지게 된다. 이는 결국 극도의 피로나 신경 쇠약으로 이어질 수 있다. 또한 스트레스는 본래 있던

건강 문제(습진, 건선, 과민성 대장 증후군 등)를 악화시키고 면역력 약화, 성욕 감퇴, 소화불량, 고혈압, 심장 마비, 뇌졸중을 유발할 수 있다.

도움이 되는 식품

스트레스는 혈당 및 지방 수치를 증가시켜 전투나 도주시 근육이 사용할 연료를 준비한다. 따라서 스트레스를 받을 때는 일정한 혈당 수치를 유지하는데 도움이 되는 혈당 지수가 낮거나 중간인 식품을 섭취하는 것이 좋다(앞 페이지 표 참조). 살코기, 생선, 통 알곡, 과일, 채소를 많이 먹고 영양가 풍부한 아침 식사를 위해 브랜 시리얼, 포리지, 뮤즐리를 과일, 무설탕 요구르트나 프로마쥬 프레이, 탈지유(무지방 우유) 또는 부분 탈지유와 함께 먹으면 좋다.

차지키와 생야채 전채 요리(Tzatziki[1] with Crudites[2])

그리스식 저지방 천연 바이오 요구르트 250ml

오이 반 개, 적당히 썬 것

신선한 민트 잎 한 줌, 다진 것

마늘 1쪽, 으깬 것

왁스처리되지 않은 레몬 1개, 즙과 얇게 썬 껍질

새로 간 신선한 후추

생야채 재료:

여러 가지 생 야채를 손가락 길이로 자른 것(당근, 샐러리, 피망, 호박(courgette)[3], 깍지완두(mangetout)[4], 브로콜리, 콜리플라워(cauliflower) 등)

(4인분)

• 푸드 프로세서(food processor)[5]에 차지키 재료를 모두 넣고 곱게 간다. 입맛에 맞게 후추를 첨가한다. 최소 1시간 이상 냉장고에 넣어 두어 차게 한 다음, 준비한 생야채를 차지키에 찍어 먹는다.

---

1 요구르트, 잘게 썬 오이, 민트로 만든 그리스식 소스
2 다양한 생야채를 적당한 크기로 자른 것으로, 소스에 찍어 먹는 경우가 많다
3 오이같이 길게 생긴 호박
4 아주 작은 완두콩같이 생겼으며 껍질채 조리해 먹는데, snow pea라고도 함
5 만능 조리 기구라고도 부르며, 식재료를 자르고 혼합할 때 쓰는 기구로 활용도가 다양함

피해야 하는 식품

고혈당 식품은 조금만 먹되 이런 음식을 먹을 때 저혈당 식품을 약간 곁들이면 혈당 수치를 안정화하는데 도움이 된다(58페이지 표 참조). 이밖에 주의해야 할 식품들은 다음과 같다:

카페인

이 각성제는 일차적으로 뇌에 직접 작용하여 피로감을 줄이고 정신을 각성시켜 힘들고 피곤한 느낌을 줄인다. 하지만 카페인은 또한 부신(adrenal gland)에 영향을 주어 스트레스 호르몬인 아드레날린과 코티솔(cortisol)의 혈중 수치를 높인다. 지나친 카페인 섭취는 수면 장애를 일으킬 뿐더러 짜증스럽고 초조하게 만든다.

카페인이 든 커피는 하루에 한 잔 이상 마시지 말고 카페인 함량이 높지 않은 차(녹차, 화이트 Tea)의 경우에는 머그잔으로 세 잔 이상 마시지 않는다. 가능하면 디카페인 종류나 항산화 성분이 풍부한 로이보스(Rooibos), 진정 효과가 있는 캐모마일(chamomile), 부드러운 민트(mint) 등의 허브차로 차차 바꾸는 것이 좋다(현재 카페인 음료를 많이 마시고 있다면 일주일에 걸쳐 점진적으로 줄이는 것이 좋은데 이렇게 하면 불안, 신경질, 불면증, 두통 등의 금단 증상을 피할 수 있다).

유용한 보충제들

- **B 균 비타민** - 스트레스를 받으면 비타민군이 격감하는데 이렇게 되면 피로감이 증가한다.
- **쥐오줌풀(valerian)**은 불안감 및 근육 긴장을 완화시키고 진정 기능이 있어 숙면을 돕는다.
- **돌꽃류(rhodiola)**는 불안감과 스트레스를 줄이고 기운을 북돋아 줘 스트레스성 피로 및 탈진 증상을 방지한다.
- **고려 인삼(Korean ginseng)**은 활기를 북돋우고 원기를 회복시키며 신체적, 정신적 에너지, 체력, 기운, 주의력을 향상시킨다.
- **시베리아 인삼(Siberia ginseng)**은 고려 인삼과 효능이 비슷하지만 원기 회복 효과가 고려 인삼에 비해 떨어진다.

알코올

과음을 피하며 권장량 이내로 마신다. 영국의 알코올 권장량에 따르면 여성은 하루에 2~3잔, 남성은 3~4잔 이하가 바람직하다. 또한 일주일에 2일 이상은 금주의 날로 정해 여성은 주당 14잔 이하 남성은 21잔 이하를 유지하는 것이 좋다.

맥주나 와인의 알코올 함량은 종류마다 다르므로 가능하면 알코올 함량을 확인하고 마시며 술집에서 판매되는 술은 알코올 함량이 높은 경우가 많다는 점을 염두에 둔다(예를 들어 알코올 농도 10%인 와인 작은 한 잔(100ml)에는 1 UK 단위의 순수 알코올이 들어 있다).

비만 & 체중 문제(Obesity & weight problems)

서양 인구의 1/3이 과체중이며1/4이 비만이다. 과체중은 건강에 상당히 안 좋으므로(비만인 사람들은 정상 체중의 사람들에 비해 평균 7년 일찍 사망한다), 적절한 체중 유지는 매우 중요하다.

신장 대비 적정 체중을 10% 이상 초과시 과체중으로 분류하며 20% 이상 초과할 때는 비만으로 간주한다. 유전(hereditiy)이 체중 문제의 주요인으로 부모님이 모두 비만인 경우 자녀 역시 비만일 확률이 70% 인데 반해 부모님이 모두 날씬한 경우에는 20% 이하이다. 유전자, 가족 식습관, 활동 패턴 등이 체중 증가의 주요 예측 변수이다.

다이어트 체크리스트

- **포기하지 않는다.** 꾸준히 하면 모든 다이어트는 효과가 있다.
- **갈증을 배고픔으로 착각하지 않도록** 식사 전에 물을 한 잔 마신다.
- **배가 불러오고 있다는 신호가** 뇌에 전달되는 데는 시간이 걸리므로 한 입 한 입 오래 꼭꼭 씹어 먹는다.
- **식사하는 동안 잠깐씩 멈춰가면서** 오랫동안 먹고 충분히 먹은 것 같으면 그만 먹는다.
- **음식 일기를 쓴다.** 먹은 모든 음식을 적는데 체중 감량이 잘 안 될 때 특히 도움이 된다.

식사 전에
물을
한 잔
마시자.

무엇이 원인인가? 과체중과 관련된 요인들:

- 유전 • 연령 • 활동 부족 • 과식 • 음주 • 일부 호르몬 불균형

$$BMI = \frac{몸무게(kg)}{키(m) \times 키(m)}$$

이 공식에 대입하여 얻은 숫자의
의미는 다음과 같다:

BMI	체중대
18.5 이하	저체중
18.5 ~ 24.9	정상 체중
25 ~ 29.9	과체중
30 ~ 39.9	비만
40 이상	병적인 비만

대안으로 아래 차트에서 몸무게와 신장의 접점을 찾으면
간편하게 신체 용적 지수(BMI) 체중대를 확인할 수도 있다.

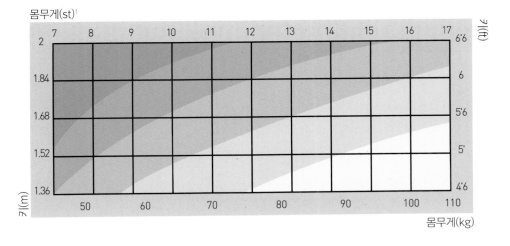

과체중 및 비만은 음식을 통해 섭취하는 에너지원의 양/종류와 신진 대사 및
신체 활동에 소비되는 에너지양 사이의 장기간에 걸친 불균형이 그 원인이
다. 체내 지방 비축량은 신체 용적 지수(BMI)로 측정하는데 이는 어떤 사람

---

1 영국에서 사용되는 무게 단위인 stone의 약어로, 1st은 6.35 kg이다.

이 정상 체중 범위 내에 있는지 알아보는데 널리 사용되는 지표이다. 신체 용적 지수(BMI)는 몸무게(kg)를 키(m)로 나누어 산출한다. 그러나 BMI 적용이 적절치 않은 예외적인 경우들도 있다(예를 들어 근육량이 굉장히 많은 보디 빌더들의 경우 비만이 아니어도 BMI수치는 최고 30일 수 있다). 최근 전문가들은 허리 둘레 치수가 체중이나 BMI보다 건강을 가늠하는 척도로 더 유용하다고 간주하는데 이는 복부 주변에 축적되는 지방이 2형 당뇨병, 심장 마비, 뇌졸중의 위험을 높이기 때문이다. 만약 본인이 아래의 경우에 해당된다면 건강에 문제가 발생할 위험이 높다.

• 허리 둘레가 94cm(37 in) 이상인 남성
• 허리 둘레가 80cm(31 1/2 in) 이상인 여성

체중과 상관없이 배 둘레에 지나친 살이 찌지 않도록 조심해야 하며 이는 나이가 들 수록 더 중요하다.

도움이 되는 식품

인슐린은 체내 지방 축적을 담당하는 가장 주된 호르몬으로 혈당량 증가에 따라 분비된다. 따라서 혈당 수치에 별 영향을 미치지 않는 저혈당 식품을 선택해야 한다. 과일, 채소, 샐러드를 많이 먹고 가공 처리된 흰 탄수화물보다는 통 알곡을 선택한다. 살코기와 콩은 금방 포만감을 느끼게 하는 단백질 공급원이다(58 페이지 표 참조).

다이어트 옵션

어떤 방법을 선택하든지 중요한 것은 적정 체중에 도달할 때까지 꾸준히 지속하는 것이다. 또 음식 섭취량을 줄일 때는 항상 종합비타민과 미네랄 보충제를 복용해 영양 결핍을 방지해야 한다.

저지방 다이어트는 열량 섭취 중 지방 섭취량을 30% 이하로 제한하는 방법으로 특히 포화(동물성) 지방을 일일 에너지 섭취량의 7% 이하로 제한한다. 통 알곡 탄수화물과 적당한 양의 불포화 지방(올리브 기름, 유채씨 기름) 섭취는 바람직한 반면 정제 설탕은 피해야 한다. 6개월 후 평균 체중 감량은 약 5kg 이지만 18개월 후에는 처음 몸무게보다 0.1kg이 더 증가하는 경우가 많다.

- 저칼로리 다이어트는 하루에 1,000~1,500 칼로리만 섭취하는 방법이다. 6개월 후 평균 체중 감량은 6.5 kg이다. 그러나 다시 얼마간 체중이 늘기 때문에 계속 이 다이어트를 하는 사람들은 18개월 후 평균 2.3kg 의 체중 감량을 유지한다.
- 초저칼로리 다이어트는 하루에 보통 400~800 칼로리만 섭취하는데 달콤하고 맛좋은 영양 강화 음료를 하루 1번에서 3번까지 식사 대용으로 마시는

방법이다. 전문가의 관리하에 이 방법을 사용하면 12주에서 18주 사이에 13~23kg의 체중 감량을 이룰 수 있다. 이 방법은 전통적인 저칼로리 다이어트나 저지방 다이어트보다 장기적인 체중 감량 유지에 더 효과적이다. 이 다이어트의 최신 형태는 일주일에 이틀만 500~600칼로리를 섭취하고 나머지 5일은 맘껏 먹는(물론, 건강에 좋고 합리적인 음식을!) 프로그램이다.

- 저탄수화물, 고단백질 다이어트는 초기에는 탄수화물 섭취를 엄격히 제한하다가 서서히 탄수화물 음식을 다시 먹는 방법이다. 4주 이상 지속하면 신속한 체중 감량 효과를 볼 수 있으며 탄수화물에서 섭취하는 열량이 더 많은 다른 다이어트 방법들에 비해 보통 2kg 더 감량된다. 12주 이상 지속하는 사례들을 관찰한 결과, 체중 감량이 6.56kg 이상으로 나타났다. 아직 장기적 효과는 불확실하며 논란의 여지가 있다.

- 저혈당 다이어트는 열량 섭취 중 탄수화물(혈당 수치에 가장 영향을 적게 미치는 통 알곡 식품으로)을 약 40%, 지방을 3%로 제한하는 방법이다. 하루 열량 섭취를 1,966 칼로리로 제한한 연구에서 저혈당 다이어트를 실시한 사람들은 평균 10kg정도 체중이 감량된데 비해 고혈당 다이어트를 한 사람들은 평균 약 6kg 만이 감량되었다. 같은 양의 식사가 제공되었지만 저혈당 식사를 한 사람들은 고혈당 식사를 한 사람들에 비해 포만감이 더 커 결국 식사량이 줄었다.

피해야 하는 식품

- 도넛, 케이크, 비스킷, 페이스트리(pastry), 사탕, 초콜릿 등 소화가 잘 안 되고, 달며, 기름기 많은 음식을 피한다.

속이 든든한 칠면조 버거(Turkey Burgers)

호밀 빵 2쪽
칠면조 가슴살 다진 것 400g
샬롯(shallot)[1] 4개, 적당히 썬 것
파슬리, 타임, 고수 등 신선한 허브 한 줌, 다진 것
마늘 1쪽, 으깬 것
달걀 큰 것 1개, 저어 놓기
새로 간 신선한 후추

(4인분)

- 호밀빵에 물을 뿌려 촉촉하게 한 다음 여분의 물기는 짜낸다. 모든 재료를 한데 섞고 후추로 간한 후 푸드 프로세서에 간다.
- 버거 패티 형태로 4덩어리를 만들어 완전히 익을 때까지 그릴이나 바베큐에 굽는다. 넉넉한 양의 샐러드 를 곁들여 먹는다.

---

1 작은 양파의 일종

높은 콜레스테롤(High cholesterol)

비록 악명이 높긴 하지만 콜레스테롤은 건강한 세포막 형성과 담즙산, 비타민 D, 에스트로겐과 테스토스테론 등의 스테로이드 호르몬 생성에 일정량이 꼭 필요하다. 문제는 '나쁜' 종류를 줄이고 '좋은' 종류를 증가시키는 것이다.

콜레스테롤은 간에서 만들어지는 왁스같은 물질이다(동물성 식품에 함유된 '이미 만들어진 '(pre-formed) 형태의 콜레스테롤을 소량 섭취하기도 한다). 혈액에는 두 종류의 주요 콜레스테롤 입자가 존재하는데 이들은 각기 지방단백질(lipoprotein)의 크기와 무게가 다르다. 저밀도 지방 단백질(low-density lipoprotein; LDL) 콜레스테롤은 동맥 경화 및 동맥 내부의 이물질 침착을 유발하는 작고 가벼운 입자를 형성한다(아테롬성 동맥 경화증, 52페이지 참조). 이런 이유로 LDL 콜레스테롤을 '나쁜' 콜레스테롤이라고 불린다.

반면, 고밀도 지방 단백질(HDL) 콜레스테롤은 상대적으로 입자가 크고 무거워 동맥 벽으로 스며들지 않는다. 이 콜레스테롤은 혈액 순환계에 머물면서 '나쁜' 콜레스테롤을 동맥에서 간으로 운반해 그곳에서 처리되도록 하기 때문에 '좋은' 콜레스테롤이라고 불린다.

이상적인 콜레스테롤 수치가 아주 명확한 것은 아니지만 일반적인 가이드라인은 다음과 같다.

> **콜레스테롤 체크리스트**
> - 규칙적인 운동은 HDL을 높이고 LDL은 낮춘다.
> - 과도한 체중을 감량한다.
> - 음식을 튀기기보다 찌거나 삶기, 그릴이나 오븐에 굽기 또는 졸이는 방법으로 조리한다.

무엇이 원인인가? 높은 콜레스테롤과 관련된 요인들:

- 가족력   • 빈약한 식사   • 운동 부족   • 복부 비만   • 갑상선 활동 부진

아몬드를 매일 한 줌씩 먹으면
콜레스테롤을 낮출 수 있다.

- 총콜레스테롤 5mmol/l(혈액 1리터
  당 밀리몰(millimoles)) 미만
- '나쁜' 콜레스테롤 3 mmol/l 미만
- '좋은' 콜레스테롤: 남성은 1 mmol/l
  이상, 여성은 1.2 mmol/l 이상 - 높
  을 수록 좋음

알고 있었나요?

LDL콜레스테롤 수치가 1% 감소하면 심
장 마비 위험이 2% 감소한다. 또한 HDL
수치가 1% 상승하면 심장 마비 위험이
최고 2% 까지 감소한다.

심장 마비 위험이 높은 사람의 경우에는 총콜레스테롤 수치는 4mmol/l 미만,
LDL 콜레스테롤은 2mmol/l 미만이 바람직하다.

콜레스테롤 수치가 높은 사람들10명 가운데 1명은 진단되지 않은 갑상선 부진을 갖고 있다. 이런 경우 신진대사가 느려져 콜레스테롤 분해 역시 저하되지만 콜레스테롤 생산은 평상시와 같기 때문에 문제가 발생한다. 진단이 되어서 티록신(thyroxine) 호르몬 치료를 받으면 최대 40% 까지 콜레스테롤 수치를 낮출 수 있다.

적당히 먹는다면 달걀을 계속 즐길 수 있다.

도움이 되는 음식

● 과일, 채소, 콩을 충분히 먹는다. 이러한 식품들은 섬유질(콜레스테롤의 흡수를 줄임), 식물성 스테롤(역시 콜레스테롤 흡수를 줄임), 항산화 성분(혈중 지방 산화 방지)을 공급해 준다. 내벽에 플라크가 쌓여 동맥이 좁아지는 현상의 주원인은 산화된 콜레스테롤이다.

● 통알곡, 견과류, 씨앗류 섭취를 늘린다. 이들은 모두 콜레스테롤 균형에 좋은 영향을 미친다. 예를 들어 가용성 귀리 섬유질을 하루 3g 이상씩 먹으면 총 콜레스테롤 수치를 상당히 낮출 수 있다.

알고 있었나요

100,000명 이상의 남성 및 여성을 대상으로 한 연구 결과 하루에 달걀을 한 개씩 먹는다고 해서 심장 질환 위험이 높아지는 것은 아닌 것으로 나타났다. 이는 콜레스테롤 수치가 높은 사람들의 경우에도 동일했다.

- 스테롤(sterol)/스테놀(stenol)이 강화된 식품을 먹는다. 이들은 콜레스테롤의 흡수를 막는다.
- 요리에 마늘을 첨가한다. 마늘을 많이 먹으면 입냄새 때문에 사람들이 꺼려할지 모르지만 콜레스테롤을 낮추는 알리신(allicin)은 충분히 얻을 수 있다.
- 견과류를 많이 먹는다. 하루에 아몬드 한 줌을 먹거나 아보카도를 한 개 먹으면 총콜레스테롤 수치를 상당히 줄일 수 있는데 이는 이 식품들에 들어있는 불포화 지방 때문이다. 이

유용한 보충제들

- 식물성 스테롤(plant sterol), 글루코만난(gluco-mannan), 감귤류 베르가못 추출물(citrus bergamot extract)은 콜레스테롤의 흡수를 막아 수치를 내리며, 콜레스테롤 저하제(statin)로 사용될 수 있다.
- 마늘 추출물은 LDL-콜레스테롤을 평균 11% 낮출 수 있다.
- 레시틴(lecithin)은 LDL-콜레스테롤 대비 HDL-콜레스테롤의 비율을 높여준다.
- 귀리의 겨와 실리엄 겉껍질(psyllium husk)은 장에서 콜레스테롤과 다른 지방을 결합시켜 LDL-콜레스테롤을 줄인다.
- 호로파(fenugreek)는 HDL-콜레스테롤에 영향을 미치지 않으면서 총 콜레스테롤 및 LDL-콜레스테롤 수치는 낮춘다.
- 홍국(red yeast rice)은 콜레스테롤 저하제와 동일한 방식으로, 간의 콜레스테롤 생산량을 감소시켜 콜레스테롤 수치를 낮춘다.
- 보조 효소 Q10은 콜레스테롤 저하제 복용에 따른 부작용(피로 및 통증)을 줄일 수 있다(콜레스테롤 저하제는 간의 콜레스테롤과 보조 효소 Q10 생산량을 모두 줄인다).

외에 올리브유, 유채씨유, 견과유 등 불포화 지방이 풍부한 기름을 섭취하면 더욱 좋다.

- 전유(whole milk)[1] 및 전유로 만든 제품보다 탈지유 또는 부분 탈지유 제품을 선택한다.

---

1 지방을 제거하지 않은 우유-역자

• 붉은색 육류 섭취를 줄인다. 일주일에 한두 번 이상 먹지 말고 살코기로 골라 눈에 띄는 기름을 제거하고 요리한다. 대신에 생선 섭취를 늘리고 단백질을 보충해 주는 콩류(섬유소와 항산화 성분 역시 많은)를 포함하는 채식을 더 자주 한다.

섭취량을 적당히 유지한다면 달걀 등 미리 형성된 콜레스테롤 함유 식품을 계속 먹어도 괜찮다. 이런 식품들에는 콜레스테롤을 낮추는 항산화 성분, 레시틴, 미네랄 등도 함께 들어 있기 때문에 대부분 LDL 콜레스테롤 수치 상승에 미치는 영향이 미미하다.

피해야 할 식품

미리 형성된 콜레스테롤이 함유된 식품 섭취를 줄인다(옆의 표 참조). 콜레스테롤 섭취 한도에 대한 일반적인 가이드라인은 하루 300mg 이하로 이는 달걀 노른자 한 개 분량이다. 만약 콜레스테롤 수치가 심각하게 높다면 하루 200mg 이하로 제한해야 할 수도 있다. 간에서도 일부 포화 지방을

식품	100g 당 콜레스테롤 함유량
돼지 간	700mg
양 콩팥	610mg
캐비아(caviar)[1]	588mg
양 간	400mg
닭 간	350mg
송아지 간	330mg
새우	280mg
꿩고기	220mg
버터	213mg
오징어	200mg
오리 고기	115mg
랍스터(바닷가재)	110mg
단단한 치즈	100mg
닭고기 짙은 색 부위[2]	105mg
붉은 색 살코기	100mg
닭고기 흰색 부위	70mg

1 어류, 특히 철갑상어 알을 소금에 절인 것
2 다리 부분과 같이 조리시 색이 짙어지는 부위

사용해 매일 800mg 정도의 콜레스테롤이 생산되므로 버터나 육류의 지방 섭취는 소량으로 자제하는 편이 좋다.

(참고: 만약 콜레스테롤 저하제인 스타틴(statin medication)을 복용하고 있다면, 약품 설명서를 잘 읽어보아야 한다; 그레이프프루트(grapefruit) 추출물은 일부 콜레스테롤 저하제와 상호작용하여 혈당을 증가시키므로 피해야 하기 때문이다.)

 ## 건강에 좋은 치킨 너겟

오일 스프레이(올리브유나 유채씨 기름)
방목해 기르는 닭에서 얻은 달걀 큰 것 1개, 저어 놓기
디종 머스터드(Dijon mustard)[1] 30ml
으깬 귀리 2줌
다진 아몬드 1줌
허브프로방스(Herbs de Provence)[2] 15ml
새로 간 신선한 후추
닭가슴살 400g, 껍질 벗겨 한 입 크기로 썬 것

• 오븐을 200 ℃로 예열한다. 코팅 처리된 구이판에 오일 스프레이를 뿌린다.
• 작은 볼에 달걀과 머스터드를 섞는다. 귀리를 푸드 프로세서에 넣고 굵게 간 다음 아몬드와 허브를 첨가해 커다란 지퍼백에 담는다. 후추를 넣어 간 한다.
• 닭고기를 한 조각씩 달걀/머스터드 혼합물에 적신 후 위의 가루가 담긴 지퍼백에 넣는다. 닭고기 조각을 모두 넣고 지퍼를 닫은 후 가루가 충분히 묻을 때까지 잘 흔들어 준다.
• 옷을 입힌 치킨 조각들을 꺼내 구이판에 적당한 간격으로 놓는다. 20-30분간, 또는 너겟에서 맑은 육즙이 흐를 때까지 굽는다. 넉넉한 양의 샐러드와 아몬드, 호두, 아보카도 오일, 레몬 주스, 마늘을 섞어 만든 드레싱을 곁들여 먹는다.

---

1 프랑스 디존 지방의 겨자로 만든 머스터드. 부드러우면서도 강한 매운맛이 남
2 다양한 허브로 구성된 혼합 향신료로써 프랑스 남부 지방 음식에 많이 사용됨

당뇨병(Diabetes)

당뇨병은 혈당치가 정상 범주보다 올라가면서 발생하는 질환이다.
전세계 성인 인구의 1/10이 당뇨병이 있으며 환자수가 계속 증가 추세인데
이 가운데는 진단되지 않은 사례도 많다. 다이어트가 2형 당뇨병 예방에
도움이 되며 사과를 매일 하나씩 먹는 것으로도 예방 효과를 볼 수 있다.

일반적으로 1형 당뇨병은 40세 이하
연령층에 2형 당뇨병은 40세 이상에
흔하지만 심지어 비만 아동 등 어린이
에게도 생길 수 있다. 혈당 수치는 정
상적인 경우 일정 범위 내에서 엄격히
통제된다. 혈당치가 지나치게 낮아지
면 간에서 생산량을 늘리고 너무 높아
지면 췌장에서 인슐린 호르몬이 분비

경고
당뇨병 약을 복용 중이라면 혈당 수치가
4mmol/l 이하로 내려가지 않도록 조심
해야 한다. 이 이하로 내려가면 어지럼
증, 발한, 떨림, 체력 저하 및 정신이 혼
미해지는저혈당증 (hypo)이 생길 수 있
기 때문이다.

증상	1형 당뇨병	2형 당뇨병
심한 갈증	YES	일반적이지 않음
지나치게 물을 많이 마심	YES	일반적이지 않음
배가 고프고 더 먹는데도 체중이 빠짐	YES	NO- 체중 증가나 비만이 더 흔함
피로, 무기력 및 탈진 증세	YES	있을 수 있음
몸 상태가 안 좋음	흔함	일반적이진 않지만, 있을 수 있음
방광염, 아구창, 부스럼 등 감염성 질환 재발	흔함	흔함
시야가 흐려짐	흔함	일반적이진 않지만, 있을 수 있음

된다. 인슐린은 혈중 포도당을 근육과 지방 세포로 옮기는데 결정적인 역할을 하며 이렇게 옮겨진 포도당은 에너지원으로 소비되거나 글리코겐(glycogen)이나 지방 형태로 저장된다.

당뇨병 환자 중 1/20은 췌장의 인슐린 생성 세포의 감소로 인한 1형 당뇨병인데 왜 이러한 문제가 일어나는지 아직 정확한 원인이 밝혀지지 않고 있다. 대부분의 당뇨병 환자들은 2형으로 인

당뇨병 방지 체크리스트

- 과도한 체중을 감량한다. 2형 당뇨병이 있는데 비만인 경우 체중 10kg을 감량하면 공복 혈당 수치를 50% 낮출 수 있다.
- 운동량을 늘린다. 운동은 지방 세포에 영향을 미쳐 인슐린 민감성을 높이며 근육에서 연소되는 혈당량을 증가시킨다.
- 금연한다! 흡연은 2형 당뇨병을 유발할 수 있는 위험 요인이며 고혈압, 아테롬성 동맥 경화증, 심장 질환, 뇌졸중 등과 같은 합병증 발병 위험도 훨씬 높다.
- 정기적으로 혈당 수치 검사를 받는다. 검사를 받으면 목표로 해야 할 혈당 수치를 알게 되는데 식사와 생활 방식을 과감히 조절하면 이 목표치에 도달할 수 있다.
- 당뇨병 약을 복용하는 경우 메디컬 얼러트 아이디(medical alert ID)[1]를 소지한다. 이는 갑자기 증상이 악화되었을 때 의료진들의 응급 처치에 도움을 준다.

---

1 개인의 질병과 응급 처치에 대한 정보를 담고 있으며, 보통 목걸이, 팔찌, 또는 카드 형태로 몸에 지니고 다닌다

운동량을 늘리자.

슐린 생산 부족으로 발생한다. 당뇨병 초기 단계에서는 오히려 인슐린 수치가 정상보다 높은 경우가 많은데 이는 세포들이 인슐린에 더 이상 반응하지 않기 때문이다. 인슐린 저항성(insulin resistance) 이라고 불리는이러한 증상은 주로 운동 부족, 과체중, 비만과 관련있다.

정상적인 경우, 혈당 수치는 약 3.9 ~ 5.6 mmol/l의 좁은 범위 내에서 엄격하게 유지된다. 2형 당뇨병이 발현되기 전에 혈당이 정상 수치보다 높은 시

유용한 보충제들

- 종합비타민과 미네랄 보충제는 당뇨병과 관련된 감염성 질병의 위험을 낮춘다.
- 크롬(chromium), 마그네슘, 셀렌(selenium)은 포도당 내성 및 인슐린 저항성이 낮은 경우에 도움이 된다.
- 시나몬과 고려 인삼은 인슐린 수용체에 작용해 포도당 내성을 높인다.
- 복합 리놀레산(conjugated linoleic acid)은 지방 세포의 인슐린 내성을 높일 수 있다.
- 보조 효소 Q10은 췌장의 인슐린 생성 세포 기능을 활성화시킨다.
- 비타민C는 높은 혈당치로 인한 여러 가지 피해를 줄일 수 있다(주의 사항: 비타민C는 HbA1c 혈액 검사 및 소변 포도당 검사에 영향을 미치므로 비타민C 를 복용하는 경우에는 의사에게 이를 알려야 한다.)
- 알파리포산(alpha-lipoic acid)은 근육 세포에 흡수되는 포도당 양을 늘리고 신경 및 신장 손상을 예방한다.
- 빌베리(bilberry) 추출물은 당뇨성 망막증(diabetic retinopaty)및 백내장 등 눈과 관련된 합병증을 예방한다.
- 소나무 껍질(pycnogenol)과 은행나무 추출물은 미세혈관의 혈액 순환을 개선하며 인슐린 저항성을 증가시킬 수 있다.

사과를 매일 한 개씩 먹자.

기가 얼마 동안 있다가(공복 혈당이 5.6~6.9 mmol/l인 당뇨병 전증(predia-bets)), 혈당이 7mmol/l 이상 올라가면 당뇨병으로 진단된다.

만성적으로 혈당치가 높으면 혈관벽을 공격해 몸 전체에 해를 입힌다. 여기에 제대로 관리되지 않은 고혈압, 높은 콜레스테롤 및 트리글리세리드 수치, 흡연이 더해지면 시력 손상, 신부전(신장 기능 손상), 심장 발작, 괴저(gangrene), 뇌졸중 등의 합병증이 더 빨리 나타난다(76 페이지, 당뇨병 체크리스트 참조) .

도움이 되는 식품

• 탄수화물 섭취 중 일부를 건강에 좋은 불포화 지방(올리브 기름, 아보카도, 아몬드 마카다미아 등)과 오메가-3 지방산(기름기 많은 생선, 호두 등)으로 대체한다.

• 통 알곡, 고섬유질, 저혈당 식품을 선택하고 과일, 채소, 베리류, 생선, 올리브 기름이 풍부한 지중해식 식사를 한다. 과일에는 천연 설탕이 들어 있지만 이는 대부분 혈당 지수가 낮거나 중간 정도여서 크게 혈당을 증가시키지 않는다(그렇지만 말린 과일을 너무 많이 먹는 것은 좋지 않다).

• 사과를 매일 한 개씩 먹는다: 여성 38,000명을 대상으로 한 연구 결과 하루에 사과를 1개 이상 먹는 여성들은 먹지 않는 여성들에 비해 2형 당뇨병 발병률이 28% 낮았다.

• 자두와 포도 섭취량을 늘린다. 예비 단계 연구 결과 자두는 지방 세포의 인슐린 민감성을 높이고 혈당치를 낮추는 것으로 나타났다. 붉은 포도와 검은 포도의 항산화 성분은 2형 당뇨병의 경우 췌장의 인슐린 생산을 촉진하고 신장 손상을 방지하는 것으로 추정된다.

이외에도 다크 초콜릿, 코코아 가루, 계피, 생강, 호로파, 강황, 쿠민, 고수, 겨자씨, 커리 잎이 포도당 조절 기능을 향상시킨다는 증거들이 있다.

피해야 하는 식품

- 소화가 빠른 탄수화물 섭취를 줄인다. 설탕, 비스킷, 케이크, 도넛, 콘플레이크, 페이스트리, 흰 빵, 감자 등이 이런 음식들로 이들은 혈당 수치에 큰 변동을 가져온다.

> **알고 있었나요?**
>
> 비만 남성들은 정상 체중 남성들에 비해 2형 당뇨병 발병률이 7배 높다. 또 비만 여성의 경우에는 발병률이 27배나 높다.

- 고혈당 음식 섭취를 제한한다. 또 이런 음식을 먹을 때는 저혈당 음식을 조금 곁들여 혈당 수치에 큰 변동이 생기지 않도록 한다(58 페이지 참조). www.Glycemicindex.com를 방문하면 시드니 대학(Univerity of Sydney)에서 제공하는 약 2,000가지 식품의 혈당 지수를 찾아볼 수 있다.

과일 스튜(Stewed Fruits)

껍질 빨간 사과 3개, 씨 부분을 도려내고 적당히 썬 것
잘 익은 자두 6개, 반으로 갈라 씨를 빼고 적당히 썬 것
씨없는 붉은 포도나 검은 포도 한 줌, 반으로 가른 것
계피 가루 5ml
스타아니스(star anise)[1] 1개
레몬 1개, 즙과 얇게 썬 껍질
스테비아(선택 사항)

- 과일, 향신료, 레몬 즙과 잘게 썬 껍질을 팬에 넣고 저어가며 부드러워질 때까지(5~8분) 살짝 끓인다.
  스타아니스는 건져낸다.
- 입맛에 따라 스테비아로 달콤하게 만드는데, 스테비아는 천연 감미료로 칼로리가 없으며 혈당 수치에 영
  향을 미치지 않는다.

---

1 별 모양의 작은 열매로 향신료로 쓰임

고혈압(High blood pressure)

혈액이 몸 속을 돌아다니려면 혈액순환계에 일정한 압력이 필요하지만 이 압력이 너무 높아지면 심부전이나 신장 부전, 뇌졸증 등의 심각한 문제가 발생할 수 있다. 식사 조절이 혈압을 내리는데 상당한 도움이 된다.

혈압(BP) 수치는 두 가지 숫자로 표시된다. 이 중 큰 숫자는 심장 수축시에 동맥이 받는 압력을, 작은 숫자는 심장 박동 사이 심장이 잠깐 쉴 때 동맥이 받는 압력을 가리킨다. 혈압(BP)은 그 혈압이 지탱할 수 있는 수은주 높이로 측정되기 때문에 측정 단위로 mmHg(millimeters of mercury) 을 사용한다. 바람직한 혈압 수치 범위는 90/60mmHg에서 120/80mmHg 사이이다.

왜 고혈압이 해로운가?

혈압은 감정 상태와 신체적 활동에 따라 자연스럽게 하루에도 수없이 변한다. 그러나 고혈압 문제가 생기면 휴식을 취할 때조차 혈압이 높은 상태가 지속된다. 성인 3명 중 1명에게 고혈압이 있고, 연령이 증가함에 따라 이 비율이 높아져 65세 이상 연령층에서는 2/3가량이 고혈압 문제를 갖게 된다.

혈압 범주	BP(mmHg)
적정 혈압	90/60에서 120/80 사이
고혈압 전 단계	120/80에서 139/89 사이
고혈압	140/90 이상이 지속되는 경우

만약 첫번째 숫자만 140 이상 이거나 두번째 숫자만 90이상 이라면 나머지 숫자가 고혈압 범주에 들어가지 않더라도, 고혈압일 가능성이 있다.

무엇이 원인인가? 고혈압과 관련된 요인들:

- 연령 증가
- 가족력
- 흡연
- 과음
- 스트레스
- 운동 부족
- 비만
- 건강에 해로운 식사

고혈압은 상황이 심각할 때조차 별다른 증상을 보이지 않기 때문에 종종 '침묵의 살인자(silent killer)'라고 불린다. 고혈압은 동맥 내벽을 손상시키기 때문에 동맥 경화 및 침착물로 인한 협소증(아테롬성 동맥 경화증)을 촉진한다. 이 결과 점점 더 경직되고 탄력성을 잃어가는 동맥으로 혈액을 뿜어내기 위해 심장이 무리하게 작동하게 되어 심장 펌프 부진(heart-pump failure)이나 심장 발작/마비 위험이 증가하게 된다. 또한 혈관이 손상되면 뇌졸중, 시력 손실, 신장 부전, 치매, 혈액 순환 장애(말초 혈관 질환) 및 남성의 경우 발기 부전 위험도 높아진다.

이것들은 모두 무시무시하게 들리는 이야기 이지만 조기 진단 및 치료를 받으면 혈압이 문제를 일으키기 전에 다스릴 수 있다는 좋은 소식도 있다.

알고 있었나요 ?

혀에 있는 염분 감각기가 낮아진 염도에 적응하고 이를 감지하게 되는 데는 최소한 한 달이 요구된다. 소금을 줄였기 때문에 맛이 밋밋하게 느껴진다면 대신 후추, 허브, 향신료를 사용해 풍미를 더한다. 또 라임 주스는 미뢰─ 맛을 느끼는 미세포가 분포되어 있는 곳 (taste bud)의 염분 감지 기능을 향상시켜 준다.

소금을 넣지 않아 음식 맛이 밋밋할 때는
대신 후추, 허브, 향신료를 사용해 풍미를 더한다.

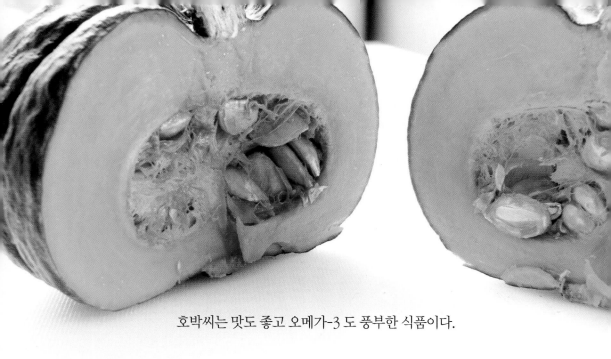

호박씨는 맛도 좋고 오메가-3 도 풍부한 식품이다.

도움이 되는 식품

고혈압 방지 식이요법(DASH) 을 활용한 실험 결과 다음과 같은 음식을 섭취하면 8주 이내에 상당한 효과를 볼 수 있는 것으로 나타났다:

더 많이: 과일, 채소, 통 알곡, 가금류(닭, 오리, 거위 등), 생선 및 저지방 유제품

더 적게: 붉은색 육류, 지방, 콜레스테롤 함량이 높은 식품 및 설탕 함량이 높은 디저트.

고혈압 체크리스트
- 과도한 체중을 감량한다. 조금만 살을 빼어도 효과를 볼 수 있다.
- 규칙적으로 운동한다. 거의 매일 운동하는 것이 좋다.
- 금연: 고혈압에 흡연까지 하면 심장 및 폐 질환 위험이 급격히 높아진다.
- 스트레스를 줄인다. 명상 요법이나 이완 요법이 도움이 될 수 있다.
- 매년 혈압 검사를 받는다.
- 비타민D를 섭취한다. 비타민D 부족은 고혈압 발병의 위험 요인이다.

이렇게 식단을 조절하면 칼륨 섭취량이 높아지는데 칼륨은 여분의 나트륨이 신장을 통해 몸 밖으로 배출되는 것을 돕는다. 칼륨이 풍부한 음식으로는 바나나, 아보카도, 고구마(껍질째), 방울 양배추(brussels sprout)[1], 시금치, 브로콜리, 저지방 플레인 요구

르트, 비트(beetroot), 비트잎(beet leaves), 셀러리, 콩, 렌틸, 파슬리, 세이지(sage)등이 있다.

- 오메가 −3 섭취를 늘린다: 연어, 고등어, 참치, 정어리, 아마씨, 호박씨, 해바라기씨는 오메가-3 필수 지방산뿐 아니라 칼륨도 풍부하다.
- 비트주스를 하루에 한 잔씩 마시면 혈압이 상당히 낮아지는 경우가 있는데 이는 비트에는 혈관 확장을 돕는 아질산염(nitrite)이 풍부하기 때문이다.
- 히비스커스 차(hibiscus)[2]를 마신다. 미국 심장 협회(American Heart Association)에 따르면 히비스커스 차를 하루에 세 잔씩 마시면 혈압이 눈에 띄게 내려간다고 한다.
- 석류 주스를 마신다. 에딘버그의 퀸 마가렛 대학(Queen Margaret University, Edinburg) 연구진들은 4주 동안 석류 주스를 매일 마시면 혈압이 상당히 내려간다는 연구 결과를 발표했다.

---

1 아주 작은 양배추같이 생긴 채소
2 무궁화과에 속하며, 화려한 색의 큰 꽃이 피는 열대성 식물

피해야 하는 식품

- **염분 섭취를 줄인다**: 소금(염화나트륨; sodium chloride)은 순환계의 체액 정체 현상을 유발하여 혈압을 상승시킨다. 염분 섭취량을 줄이려면 소금 통에 손을 대지 않는 것만으로는 부족하며 식품 구입시에도 영양성분표의 염분량을 확인해야 한다. 일반적으로 식품 100g (또는 한 번 먹는 양이 100g 이하인 경우)에 염분량이 0.5g이상이면 많은 것이고 0.1g이하이면 적은 것이라고 할 수 있다.

  또한 소금을 뿌린 칩, 가공처리된 육류(햄, 베이컨, 살라미(salami), 핫도그 등), 치즈, 스프레드, 포장 용기에 담긴 소스, 그레이비[1], 데워 먹는 식사용 식품 등 염분 함량이 높은 음식을 멀리 한다.

- **가공처리된 곡류 섭취를 줄이고 설탕을 피한다.** 정제 탄수화물 식품을 피해야 하는데 흰 빵, 파스타, 흰 쌀, 감자, 페이스트리, 케이크, 비스킷, 크래커와 같은 밀가루 식품이 이에 해당된다.

- **사탕, 탄산 음료, 초콜릿을 피한다.** 이러한 음식들은 신장을 자극해 혈압을 상승시키는 인슐린 분비를 촉진한다.

- **카페인 음료를 최대한 피한다.** 혈압에 악영향을 줄 수 있기 때문이다.

- **술을 적당히 마신다.** 한두 잔의 술은 긴장을 풀어주고 몸에 이롭지만 과음은 혈압을 상승시킨다. 여성은 두세 잔 이하, 남성은 서너 잔 이하로 하루 음주량을 제한하며 정기적으로 금주하는 날을 가져야 한다. www.drinkaware.co.uk를 활용하면 음주량을 기록하고 관리하는데 도움이 된다.

---

1 고기를 익힐 때 나온 육즙에 밀가루 등을 넣어 만든 소스

주의 사항: 뇌졸증의 1/3은 돌발적으로 발생하는데 이런 경우 뇌의 혈액 순환이 선천적으로 약하거나 소낭성 동맥류('berry' aneurysm)와 같은 질환으로 인해 발생할 수 있다.

- 갑자기 의식을 잃음
- 기억력 장애 및 손실
- 신체의 한 부분 또는 그 이상이 마비됨. 보통 몸 한 쪽 편에 일어남(예를 들어 왼쪽 팔과 다리, 얼굴의 왼쪽)
- 신체 일부에 감각이 없어짐
- 언어 장애 및 침, 음식을 삼키는 데 문제가 생김

뇌졸증 방지 체크리스트

- 금연할것. 흡연은 뇌졸증 위험을 두 배로 높인다.
- 적정한 체중 유지. 고혈압 가능성이 낮아진다.
- 규칙적인 운동.
- 본인의 혈압, 혈당, 콜레스테롤 수치를 알아 두고 이에 대한 치료 및 관리를 충실히 한다.

뇌졸증으로 사망하는 사람들 10명 가운데 4명은 만약 혈압을 안정적으로 관리했더라면 생명을 건질 수 있는 경우들이 있다.

하루에 최소한 다섯 번 이상 과일과 야채를 먹는다.

도움이 되는 식품

- 통 알곡 섭취를 늘리고 가공 처리된 탄수화물 섭취를 줄이는 저혈당 식사를 한다.
- 과일과 채소를 매일 5~6회 이상 먹으면, 뇌졸중 위험을 30%까지 낮출 수 있다.
- 석류, 그레이프프루트, 오렌지 주스를 마신다. 이런 주스를 매일 한 잔씩 마시면 뇌졸중 발병 위험이 최고 1/4까지 낮아진다.
- 생선 섭취를 늘린다. 일주일에 한 번씩 생선을 먹으면 뇌졸중 위험을 12% 낮출 수 있고 이에 더해 한 번씩 더 먹을 때마다 최고 2%씩 낮아진다. 이는 생선 기름이 비정상적 혈전을 감소시키기 때문이다.
- 소금 섭취 및 음주량을 줄인다. 지나친 염분 및 알코올 섭취는 고혈압 유발 요인이다.

유용한 보충제들

- 비타민C - 비타민C를 충분히 섭취하는 사람들은 뇌졸중 발병률이 26% 낮다.
- 비타민D - 비타민D를 충분히 섭취하는 사람들은 뇌졸중 발병률이 절반 가량 낮다.
- 셀렌 - 셀렌 수치가 낮으면 치명적 뇌졸중의 위험이 4배 높아진다.
- 칼슘, 마그네슘, 보조효소 Q10은 혈압을 낮추는 데 도움이 된다.
- 마늘은 혈압, 콜레스테롤 수치, 트리글리세리드 및 혈액 점성을 낮추는 데 도움이 된다.
- 엽산은 아테롬성 동맥 경화증을 예방한다.
- 영지버섯 은 비정상적 혈전을 줄이고 혈압 및 LDL 콜레스테롤 수치를 낮춘다.
- 오메가 - 3 생선 기름은 혈액 점성 및 트리글리세리드 량을 감소시킨다.

석류, 사과, 바나나 스무디

루비 빛깔 석류 씨 100g
중간 크기 바나나 1개
플레인 요구르트 15ml
사과에서 직접 짠 신선한 사과 주스 200ml

- 석류 씨를 믹서에 넣고 30~40초 동안 간 후 씨는 버리고 주스만 따른다.
- 믹서에 이 석류 주스를 다시 넣고 바나나, 요구르트, 사과 주스를 첨가해 잘 섞는다.

출처: www.rubyredpomegranates.co.uk

여드름(Acne)

다크 초콜릿은 여드름 증상에
도움이 될 수도 있다…

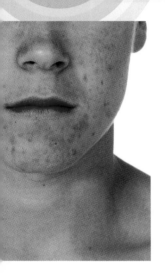

여드름은 보통 사춘기 청소년들의 문제로 생각하지만 성인이 되어도 지속되는 경우가 점점 증가하고 있고 성인이 된 후에도 처음 발생하는 경우도 있다. 빈약한 식사는 증상을 악화시킬 수 있지만 의외로 초콜릿은 나쁘지 않다…

여드름은 막힌 모낭의 염증으로 인해 발생하는 감염성 피부 질환으로 남성 호르몬(안드로겐; androgen)의 영향으로 피부 분비샘이 피지를 과도하게 분비하면서 발생한다. 또한 피부 세포 분열이 빨라져 모낭을 막는 경우에도 피지가 모낭 안에 갇히게 된다. 이렇게 되면 전형적인 커다란 흑여드름(윗부분이 검은 여드름: 블랙헤드)이나 하얀 여드름(화이트헤드)이 나타난다. 또 피부 산성도가 변하면 피지를 '먹이'로 하며 염증을 유발하는 여드름 유발 박테리아(promionibacterium acnes bacteria)의 이상 성장이 촉진된다. 여드름에는 다음과 같은 3가지 종류가 있다:

- **경미한 여드름**; 흑여드름이 두드러지는데 닫혀 있을 때는 하얀 여드름, 열리면 흑여드름으로 보인다.

여드름 체크리스트

- 여드름을 심각한 증상으로 받아 들여 치료에 힘쓰면 영구적인 흉터를 방지할 수 있다.
- 뾰루지를 뜯어 내지 않는다. 이렇게 하면 감염 부위가 넓어지고 뾰루지가 더 오래가 흉터가 생길 수 있다.
- 물을 기본으로 한 화장품과 '땀구멍을 막지 않는(non-comedogenic)'이라고 표시된 피부 관리 제품을 선택한다.
- 여드름 약에 대해 의사와 상담한다.
- 인내심을 갖는다. 치료가 효과를 발휘하려면 최소 8주 이상이 필요하다. 만약 증상이 개선되지 않는다면 피부과 전문의에게 진료를 받는다.
- 박피, 레이저 시술, 필러 주입 등의 성형 시술은 흉터를 줄일 수 있다.

- 남성 호르몬에 대한 지방 분비샘의 민감성 증가
- 염증을 유발하는 박테리아성 분비물 • 피부 세포 플러그(plug)의 이상 증식

- 심각하지 않은 여드름; 농포(고름집)와 그 밑에 더 깊은 염증이 있으면서 솟 아오른 뾰루지를 동반하는 염증성 병변(lesion)이 두드러진다.
- 심각한 여드름; 염증성 농포 및 뾰루지와 더불어 혹(nodule)과 낭포[1]를 동 반하며 흉터가 남을 확률이 높다.

도움이 되는 식품

몸에 안 좋은 식생활이 여드름의 유일한 원인이라고 말할 수 있는 결정적 증 거는 없지만 해로운 식습관이 증상을 악화시킬 수 있는 것은 사실이다. 영양 상태는 남성 호르몬, 피부 세포 점성, 염증의 심각성에 영향을 미친다.

저혈당 식사를 하면 혈당 수치의 갑작스러운 변동을 막을 수 있다. 한 연구 결과에서는 12주간 저혈당 식사를 한 남성들의 경우 고혈당 식사를 한 남성 들에 비해 여드름 증상이 2배로 개선되었다(여드름 12개 감소 대 25개 감소). 과일과 채소는 소염 기능을 가진 항산화 성분을 함유하고 있고 대부분 저혈 당 식품이다. 기름기 많은 생선에 들어 있는 오메가-3 기름도(DHA, EPA) 염 증을 감소시킨다.

초콜릿

초콜릿이 여드름을 악화 시킨다는 말을 자주 듣지만 이를 뒷받침할 만한 증

---

1 사람, 동물의 체내나 신체 부위에 생긴 물혹

거는 거의 없다. 사실 코코아 함량 72% 이상의 다크 초콜릿은 항염성 항산화 성분이 가장 풍부한 식품 중 하나이므로 여드름 증상을 완화시킬 수도 있다.

피해야 하는 식품

- 설탕이 많이 든 음식과 고탄수화물 식품 섭취를 줄인다. 이런 음식들은 인슐린 분비를 촉진하는데 인슐린은 남성 호르몬 기능을 강화하고 피부 세포를 급증시킨다.

- 염소유(goat milk)로 대체한다. 소 우유에는 설탕(젖당 등), 성장 인자 및 성장 호르몬이 들어 있다. 4,200명이 넘는 소년들을 대상으로 한 연구 결과 우유를 매일 두 잔 이상 마시는 소년들은 유제품 섭취량이 일주일에 한 번 이하인 소년들에 비해 여드름 발생률이 높은 것으로 나타났다. 소 우유 대신 염소유나 버터로 바꿔 보자.

- 가공 식품 섭취를 줄인다. 이런 식품에 포함된 식물성 기름(해바라기유, 홍화유, 옥수수유 등)에는 염증을 증가시키는 오메가-6가 함유되어 있다.

- 붉은색 육류 섭취를 줄인다. 붉은색 육류에는 신체 조직의 DHT[1] 수치에 영향을 줄 수 있는 유사 호르몬 물질이 함유되어 있다.

---

1 Dihydrotestosterone(디하이드로테스토스테론)

굵은 후추를 뿌린 스위트 이브 딸기[1](Sweet Eve Strawberries)와 훈제 연어

훈제 연어 400g
스위트 이브 딸기 200g
레몬 1개
굵게 간 신선한 후추

(4인분)

- 접시 4개에 훈제 연어를 같은 양으로 나눠 담는다. 딸기는 꼭지를 떼고 얇게 썬다. 레몬은 길게 4등분한다.
- 훈제 연어 위에 딸기 조각을 뿌리거나 접시 둘레를 따라 가지런히 놓는다. 여기에 굵게 간 후추를 넉넉히 뿌려 레몬과 함께 먹는다.

출처: www.Sweetevestrawberry.co.uk

---

1 영국 기후에 적합하도록 개발되어 영국에서 직접 재배되는 딸기 품종

습진(Eczema)

흔한 피부 질환인 습진은 많게는 어린이의 1/5, 성인의 1/10이 겪는 질환이다. 습진과 연관된 식품성 알레르기 유발 항원(allergen)이 많으므로 식품 선택에 신중을 기해야 한다.

습진은 염증성 피부 질환으로 대개 손, 팔굽치 안쪽 또는 무릎 뒤쪽에 나타나지만 신체 어느 부위에나 나타날 수 있다. 이 가운데 가장 흔한 종류는 아토피성 또는 알레르기성 습진으로 건조함, 가려움, 비늘(scaliness) 등의 증상이 있다. 심한 경우 증상이 몸 전체로 퍼지기도 한다.

물집과 진물이 흐르다가 딱지가 생기는 악성 습진은 황색 포도상구균(staphylococcus aureus)이라고 불리는 피부 박테리아와 관련된 경우가 많다. 만약 증상이 갑자기 악화되면 의사의 진료를 받아야 한다.

습진 체크리스트

- 피부를 진정시키고 부드럽게 만드는 크림을 넉넉히 바른다.
- 비누, 세제, 세안제, 거품 목욕제, 화장품, 향수, 용해제, 공업용 화학물질 및 가정용 청소 약품과의 접촉을 피한다.
- 집안일이나 정원일을 할 때 감귤류 과일, 생 야채, 고기, 생선을 다룰 때 장갑을 낀다.
- 스트레스를 줄인다. 스트레스는 증상의 갑작스런 악화나 재발 원인이 될 수 있다.
- 접촉성 피부염(contact dermatitis) 의 원인이 니켈 알레르기(nickel allergy) [1]인 경우도 있다.

---

1 가장 흔한 알레르기성 피부염 가운데 하나로 보통 니켈이 포함된 물건과 접촉했을 때 발생한다

생기는 경우도 있는데 이는 주로 손바닥이나 발다닥에 나타난다. 이외에도 각질성 두피가 되거나 손톱과 발톱이 두꺼워지면서 패인 자국들이 생기는 증상도 있다. 건선 환자 5명 가운데 1명은 건선성 관절염(psoriatic arthritis) 이라고 불리는 염증성 관절이 동반된다.

도움이 되는 식품

- 기름기 많은 생선 섭취를 늘린다. 오메가-3 생선 기름은 피부 염증을 감소시키므로 일주일에 두세 번 기름기 많은 생선을 먹으면 건선 증상이 완화될 수 있다. 고용량의 생선 기

> ### 알고 있었나요 ?
>
> 햇빛을 쬐면 비타민D와 햇빛이 합성하여 건선 증상이 완화될 수 있다(특히 겨울철에 비타민D 보충제를 복용하는 것이 중요하며 셀렌 보충제 또한 도움이 될 수 있다).

강황 섭취를 늘리자…

름 보충제를 복용하면(1,122mg EPA, 756mg DHA) 4주에서 8주 사이에 건선 병변이 감소된다는 연구 결과들이 있다. 가려움증이 가장 빨리 줄어들고 각질과 피부의 붉은 기운이 그 다음을 이어 감소되었다.

• **강황 섭취를 늘인다!** 강황은 피부 염증을 줄이는 커큐민(curcumin)을 함유하고 있다. 최근 연구에서는 커큐민이 피부 세포 재생 및 상처 치유에 관여하는 세포 신호전달 경로에 영향을 미치는 것으로 나타났다.

피해야 하는 식품

오메가-6 지방 섭취를 줄인다. 이 지방은 염증을 증가시키는데 해바라기유, 홍화유, 옥수수유에 들어 있으며 가공 식품에서도 흔히 발견된다.

포화 지방 함량이 높은 식품, 붉은색 육류, 유제품(치즈 포함), 달걀, 글루텐, 알코올, 커피, 정제 설탕을 자제하면 증상이 나아지는 경우가 있다(주의사항: 제한 식이요법을 몇 주 이상 지속하려면, 전문 영양사와 상담해야 한다).

레몬과 강황을 곁들인 연어 구이

엑스트라 버진 올리브 기름 30ml
강황 가루 10ml
프로방스 허브 10ml
연어 스테이크 150g짜리 4조각
새로 간 신선한 후추
왁스 처리하지 않은 레몬 1개, 얇게 썬 것

(4인분)

- 오븐을 190℃/375℉로 예열한다. 올리브 기름에 강황 가루, 프로방스 허브를 섞는다.
- 연어 스테이크를 알루미늄 호일(연어를 쌀 수 있을 정도로 넉넉히 큰 것) 위에 놓는다.
  여기에 허브 강황 기름을 바르고 후추를 넉넉히 뿌린 후 레몬 조각을 올려 놓는다.
- 연어를 호일로 싸서 30분 정도, 연어가 완전히 익을 때까지만 굽는다.

로세이샤(Rosacea)

흔한 피부 질환인 로세이샤는 보통 30세에서 50세 사이에 나타나지만 10대 에도 발생할 수 있다. 일부 식품 및 음료가 로세이샤를 유발할 수 있으므로 음식 조절이 증상 완화에 도움이 된다.

뜨거운 음료를 마신 후 일시적으로
얼굴이 붉어지면 로세이샤일 가능성이 있다.

로세이샤는 보통 자극적인 음식을 먹거나 알코올이나 뜨거운 음료를 마신 후 또는 너무 더울 때 일시적으로 얼굴이 붉어지는 증상이 그 시작이다. 시간이 지남에 따라 얼굴 붉어짐이 오래 지속되며 얼룩지고 번져 간다. 또 육안으로 볼 수있는 실같은 혈관(telangiectasia) 이 나타기도 한다. 치료하지 않고 내버려 두면 피부가 영구적으로 붉어지고 여드름과 유사한 농포가 나타난다. 그러나 여드름과는 달리 블랙헤드가 없고 농포가 보통 얼굴의 붉어진 부위에만 머무르기 때문에 등이나 가슴으로는 번지지 않는다. 눈꺼풀 염증

- 유전 • 얼굴 피부의 미세 혈관 과민성 • 비정상적 면역 반응
- 박테리아나 피부 진드기(demodex folliculorum)에 의한 지방 분비선 감염(가능성)

(blepharitis; 안검염)이나 결막염(conjunctivitis)이 동반되기도 한다.

일부는(특히 나이 든 남성들의 경우) 코 피부가 두꺼워지고 붉어지며 모낭이 커지는 경우가 있다. 이는 코가 주먹처럼 부푸는 증상으로 이어지는데 이를 일명 딸기코(rhinophyma)라고 한다. 로세이샤는 5년에서

> **로세이샤 체크리스트**
> - 국소 항생제가 도움이 될 수 있으므로 의사와 상담한다.
> - 번들거리지 않으며 SPF지수가 높은(SPF 15이상) 자외선 차단제를 사용하거나 이산화 티탄(titanium dioxide)이나 산화 아연(zinc oxide) 이 들어 있어 자외선 반사 및 차단 기능이 있는 피부 제품을 바른다.
> - 하루에 두 번 알로에 베라 젤을 바르면 염증을 줄일 수 있다.
> - 비타민 K가 포함된 크림을 사용하면 피부가 붉어진 것과 눈에 띄는 작은 모세혈관 치료에 도움이 된다. 또는펄스드 인터미튼트 라이트(pulsed intermittent light)나 레이저 시술을 시도해 본다.

10년 주기로 재발하는 경향이 있으며 다시 사라지는 경우가 많지만 코 피부처럼 피부가 두꺼워지면 영구적으로 남는다.

도움이 되는 식품

사람에 따라 산성 식품을 피하는 알칼리성 식이요법이 도움이 될 수 있다. 오렌지, 레몬, 라임, 토마토 등의 과일은 맛은 시지만 실제로는 체내에서 산을 없애는 역할을 한다. 따라서 이 식이요법에서 과일, 야채, 샐러드는 가장 주된 알칼리 생성 식품들이다. 감미료로는 설탕 대신 스테비아(천연 감미료), 꿀, 메이플 시럽, 아가베(agave) 시럽을 사용한다. 또한 물을 충분히 마

시는 것이 중요하다.

알칼리성 식이요법은 곡물(보리, 귀리, 퀴노아, 쌀, 밀), 유제품(치즈, 우유, 아이스크림, 요구르트), 동물성 단백질(달걀, 가금류, 육류, 해산물), 맥주 및 와인 섭취를 줄이는 것이다.

그러나 이러한 식품들은 단백질, 비타민, 미네랄의 주요 공급원이므로 엄격한 알칼리성 식이요법을 하려면 영양 불균형 및 결핍을 방지하기 위해 전문 영양사와 상담하는 것이 최상의 방법이다.

피해야 하는 식품

일반적으로 자극적인 음식, 커피, 차, 탄산 음료와 방부제, 색소, 인공 감미료 및 여타 식품 첨가물이 들어간 제품을 피해야 한다.

데친 복숭아와 귤

천도 복숭아 4개
귤 1개, 껍질을 까서 하나씩 떼어 놓는다
차갑게 만든 신선한 사과 주스 300ml

(4인분)

- 복숭아를 끓는 물에 넣고 8분간 데친 후 찬물에 넣어 식힌다.
- 식힌 복숭아의 껍질을 벗긴 후 반으로 갈라 씨를 빼낸다. 복숭아를 적당히 썰어 그릇에 담고 귤을 넣는다.
  여기에 사과 주스를 부어 바로 먹는다.

천식(Asthma)

서구 아동 10명 중 1명, 성인 12명 중 1명이 염증성 폐 질환인 천식을 갖고 있다. 그럼에도 커피가 기도 경련을 줄일 수 있다거나 식품성 지방 섭취 조절이 천식에 효과가 있다는 사실을 알고 있는 사람은 많지 않다.

천식이 있으면 기도에 염증이 생기고 빨갛게 부어 각종 자극에 과민한 반응을 보인다. 천식 발작이 일어나면 기도에 경련이 일어나 기침, 호흡 장애로 인한 쌕쌕거림, 목이 조이거나 숨이 찬 증상이 나타난다. 이러한 발작이 진전되면 기도 내벽이 붓고 가래가 심해지는데 이는 종종 6~8시간 후 다시 기도가 조이고 호흡 장애가 동반되는 두번째 발작으로 이어진다.

도움이 되는 식품

- 오메가-3 섭취를 늘린다. 천식은 식품성 지방 섭취 불균형과 관련있으므로 고등어, 청어, 연어(46페이지 참조) 등 기름기 많은 생선, 사슴고기(vension)나 버팔로 고기, 풀을 먹여 키운 소고기, 강화 달걀 및 생선 기름 보충제를 통해 오메가-3 섭취를 늘려야 한다.
- 홍화유, 포도씨유, 해바라기씨유, 옥수수유, 목화씨유, 콩 기름 등 오메가-6 식물성 기름 섭취를 줄인다. 그 대신 아마씨유, 올리브유, 호두, 아몬드, 아보카도, 삼씨, 마카다미아 기름 등 오메가-3 및 불포화지방이 풍부한 건강에 좋은 기름 섭취를 늘린다.
- 과일과 채소 섭취를 늘린다. 과일과 채소를 많이 먹는 사람들은 상대적으로

무엇이 원인인가? 천식과 관련된 요인들:

알레르기성 천식: 꽃가루 • 집먼지 진드기 • 동물 털 • 진균포자(fungal spore)
• 땅콩, 달걀, 우유 제품 등 특정 식품
비알레르기성 천식: 바이러스성 감염 • 흡연 • 차거나 습한 공기 • 운동 • 강렬한 감정
• 스트레스 • 화장품 • 향수 • 대기 오염 • 휘발성 화학물질 • 호르몬 변화 • 일부 약품

폐 기능이 우수하며 천식이 생길 위험이 적다. 특히, 사과와 진녹색 잎줄기 채소가 예방 효과가 뛰어나다.

• 생균성 박테리아(요구르트, 보충제 등에 들어 있는) 섭취를 늘린다. 이것은 알레르기 반응에 대응하는 면역 기능을 강화시켜 천식을 예방할 수 있다.

• 자신에게 다크초콜릿과 커피를 선물하세요. 다크초콜릿과 커피는 카페인과 테오브로민과 같은 메틸잔틴의 성분이 기침을 억제하고 기도에 경련이 일어나는 것을 줄일 수 있습니다.

천식 체크리스트

• 천식은 생명에 위협이 될 수도 있으므로 항상 처방 지시대로 약을 복용한다.
• 아침에 일어날 때 천식 증상이 있거나 피크–플로우(peak-flow) 수치가 안 좋거나 흡입기(reliever inhaler)를 하루에 한 번 이상 사용해야 하거나 천식으로 인해 정상적인 일과를 수행하기 어렵다면 전문 의료진과 상담해야 한다.
• 흡연 장소를 피하고 온 가족이 집이나 차 안에서 금연해야 한다.
• 집 안 먼지를 없앤다. 젖은 천으로 먼지를 닦고 특수 필터가 부착된 청소기를 사용한다.
• 침대와 이부자리에 집먼지 진드기 방지 커버를 씌운다.
• 전문 트레이너에게 부테이코(Buteyko) 호흡법[1]을 배운다.
• 적정 체중을 유지한다. 비만은 폐를 포함해 신체 내 염증을 증가시킨다.

---

1 정신 집중 및 호흡 조절 기법으로 천식 치료에 사용됨

풀을 먹여 키운 소고기에는 오메가-3가 함유되어 있다.

🍲 그린 콜슬로(Green Coleslaw[1])

그래니 스미스 애플(Granny Smith apple[2]) 1개
왁스처리하지 않은 유기농 레몬 2개, 즙과 껍질 얇게 썬 것
작은 양배추 반 쪽, 얇게 채썬 것
당근 2개, 간 것
적양파 1개, 가늘게 썬 것
딜(dill), 파슬리 등의 신선한 허브 한 줌, 다진 것
저지방 천연 바이오 요구르트 150ml
새로 간 신선한 후추

(4인분)

- 그릇에 레몬 즙과 껍질을 담고 사과를 갈아 넣는다. 사과의 변색을 막기 위해 재료를 잘 젓는다.
- 남은 재료를 모두 넣고 섞는다. 후추를 적당히 뿌려 마무리한다.

---

1 양배추, 당근 양파 등을 채썰어 마요네즈로 버무린 샐러드
2 껍질이 녹색 또는 녹황색이며 단단하고 아삭한 편이지만 산도가 강한 사과 품종

노화성 황반 퇴화(Age-related macular degeneration/AMD)

대부분의 사람들이 건강한 식습관이 심장에 좋다는 것은 알고 있지만 눈 건강에도 필수적이라는 사실을 알고 있을까? 시금치, 물냉이, 스위트콘 등의 채소는 나이가 들면서 생기는 시력 감퇴 예방에 도움이 된다.

노화성 황반 퇴화(AMD)는 통증이 없는 점진적 시력 손상으로 65세 이상 연령층에 가장 흔하지만 40~50대에도 나타날 수 있다. 이 질환은 망막의 일부인 황반(macula)의 노란 색소의 손실과 관련있다. 루테인(lutein)과 제아잔틴(zeaxanthin)이라는 이 색소들은 눈이 빛을 감지할 때 발생하는 해로운 화학 반응으로부터 황반을 보호해 주기 때문에 '천연 선글래스'라고도 불린다. 이 색소들이 손실되면 빛이 황반을 손상시키게 되고 이는 시각이 왜곡되는 부분을 확대시킨다. 이러한 증상은 가시범위의 중앙부에 영향을 미치므로 글자가 보이지 않아 읽을 수 없고 운전이 불가능하며 심지어는 사람을 똑바로 쳐다보았을 때 그 사람이 누구인지 알아볼 수 없게 된다.

직선이 이상하게 휘어져 보인다면 이는 노화성 황반 퇴화의 초기 증상 가운데 하나이므로 즉시 의사와 상담해야 한다.

눈 건강 체크리스트

- 적어도 1년에 한 번, 정기적인 안과 검사를 받는다.
- 햇빛으로부터 눈을 보호하기 위해 UV400 인증이 있는 선글래스를 쓴다.
- 금연한다. 흡연자들은 노화성 황반 퇴화에 걸릴 위험이 4배나 높다.
- 루테인이 풍부한 종류를 포함해 과일과 채소를 하루에 최소한 5번 먹는다.
- 나이가 들어감에 따라 영양적인 안전망 차원에서 루테인 보충제를 복용한다.

도움이 되는 식품

체내에서 생성되지 않는 루테인을 음식으로 충분히 섭취하는 것이 노화성 황반 퇴화 예방의 핵심이다.

루테인과 제아잔틴은 주황, 노랑, 빨강, 진녹색 과일 및 야채, 달걀 노른자 (아래 목록 참조)에 들어 있다. 또한 토마토에는 강력한 항산화제인 리코펜 (lycopene)이 있어 예방 효과가 있는데 리코펜을 많이 섭취하면 AMD 발병률을 절반으로 줄일 수 있다(토마토는 익혀 먹을 때 가장 효과가 좋다). 또한 기름기 많은 생선도 이러한 노화성 질환의 진행을 막을 수 있다.

루테인이 풍부한 식품
다음과 같이 눈에 좋은 음식을
가능한 많이 먹는다.

- 케일, 시금치, 양배추, 근대, 물냉이
- 스위트콘과 푸른 완두콩
- 브로콜리와 껍질콩
- 노랑, 주황색 피망
- 망고, 귤, 오렌지
- 달걀

클래식 물냉이 수프(Classic Watercress Soup)

올리브 기름 1ml
양파 작은 것 1개, 잘게 썬 것
셀러리 작은 것 1대, 잘게 썬 것
감자 350g, 껍질 벗겨 깍둑 썰기
닭육수 또는 야채육수 600ml
물냉이 85g짜리 3봉지
우유 150ml
넛맥(nutmeg) 약간
레몬즙(주스) 약간
소금 및 새로 간 신선한 후추

(4인분)

- 커다란 팬에 기름을 두르고 가열한 후 양파와 셀러리를 넣고 중불에서 옅은 갈색이 날 때까지 5분간 볶는다. 감자와 육수를 넣고 저은 후 끓인다. 뚜껑을 덮고 10분간, 또는 감자가 무를 때까지 끓인다.
- 물냉이를 첨가한 후 다시 뚜껑을 덮고 5분 동안 또는 물냉이가 숨이 죽을 때까지 끓인다. 이것을 푸드 프로세서에 붓고 곱게 간다. 물로 헹군 팬에 곱게 간 수프를 다시 붓고, 우유, 넛멕, 레몬즙을 첨가한 후 입맛에 맞게 소금과 후추로 간한다. 넘치지 않도록 조심하면서 뜨겁게 데워 껍질이 딱딱한 빵과 함께 먹는다.

출처: www.watercress.co.uk

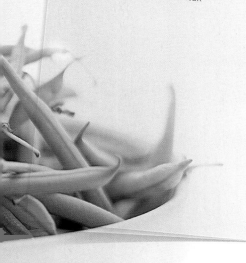

백내장(Cataracts)

당근을 먹는다고 어두운 데서도 잘 보게 될 수는 없겠지만 눈을 건강하게 지키는 데는 분명 도움이 된다. 우리 눈의 렌즈는 식품성 항산화 성분이 부족할 때 발생하는 산화 손상에 취약하므로 눈에 좋은 야채를 많이 먹으면 시력 보호에 큰 도움이 된다.

백내장 예방 체크리스트

- 해로운 자외선으로부터 눈을 보호하기 위해 선글라스를 쓴다. 자외선을 완전히 차단할 수 있도록 UV400인 제품을 선택한다. 끝부분이 둥글게 휘어진 스타일은 반사된 햇빛이 옆쪽으로 다시 들어오는 것을 막아준다.
- 햇빛이 밝을 때는 아이들도 꼭 선글라스를 쓰게 한다. 아이들의 투명한 수정체는 더 많은 자외선을 흡수한다.
- 여름에 야외 활동을 할 때는 흐린 날에도 챙이 넓은 모자나 야구 모자를 쓴다.
- 비타민C, 비타민E, 빌베리 추출물 복용을 고려한다. 몇몇 연구 결과 비타민C를 10년 이상 복용한 사람들은 백내장 발병률이 최대 45% 까지 낮았으며 빌베리 추출물과 비타민E를 함께 복용한 사람들의 97%가 노화성 백내장의 진행이 멈추었다.
- 정기적으로 시력 검사를 받는다.

65세 이상 연령층의 대부분은 어느 정도 백내장 증상이 있으며 이는 나이가 들어감에 따라 악화된다. 정상적인 경우 투명한 수정체가 불투명해지는 질환이 백내장인데 달걀 흰자를 조리하면 불투명해지는 것과 비슷한 변화가 수정체 단백질에 일어남에 따라 나타난다. 백내장이 있으면 시야가 흐려지고, 햇빛에 민감해지며, 색 인지에 변화가 생기고, 빛

무엇이 원인인가? 백내장과 관련된 요인들:

- 자외선 노출 • 흡연 • 당뇨병 • 야외에서 일하는 직업 • 옅은 색 눈동자 • 각막을 얇게 만드는 레이저 시력 교정 수술 • 햇볕에 대한 민감성을 높이는 일부 약품 복용(테트라사이클린(tetra-cycline)[1], 페노티아진(phenothiazines)[2], 소칼렌(psoralen)[3], 알로퓨리놀(allopurinol)[4] 등) • 비만

둘레에 후광이 보이게 된다.

도움이 되는 식품

수정체는 눈의 앞 부분을 채우고 있는 투명한 액체 속에 떠 있는데 이 액체로부터 산소와 영양분을 공급받는다. 따라서, 수정체가 산화 작용으로 손상되는 것을 방지하려면 충분한 항산화 성분 공급이 필수적이다.

식품성 항산화 성분(비타민C, E, 셀렌 및 루테인, 제아잔틴, 리코펜 등의 카로티노이드) 섭취량이 가장 많은 그룹의 사람들은 섭취향이 작은 사람들에 비해 백내장에 걸릴 가능성이 낮다. 특히 진녹색 잎줄기 채소(시금치, 케일, 물냉이 등), 브로콜리, 당근 및 기타 노랑, 주황색 과일과 채소들이 좋은데 이들은 루테인이나 제아잔틴 같은 카로티노이드 색소를 함유하고 있다. 여성 77,500명을 대상으로 한 연구 결과 다른 백내장 유발 위험 인자들을 통제했을 때 루테인과 제아잔틴 섭취량이 가장 많은 그룹이 섭취량이 작은 그룹에 비해 수술이 필요할 정도로 심각한 백내장에 걸릴 확률이 22% 더 낮았다.

---

1 항생제의 일종
2 살균, 구충약 및 정신 안정제에 사용됨
3 심한 좌창, 건선 치료에 사용됨
4 혈액 중의 요산 배출 촉진제

구운 당근, 시금치 & 페타 치즈 샐러드
(Roasted Carrot, Spinach & Feta[1] Salad)

당근 450g, 껍질 벗겨 큼직하게 썬 것
적양파 1개, 쐐기 모양으로(wedge) 썬 것
붉은 피망 1개, 씨를 빼고 쐐기 모양으로 썬 것
올리브 기름 60ml
호박씨 45ml
쿠민씨 5ml
껍질 까지 않은 통마늘 2쪽
레몬 반 개 분량 즙
묽은 꿀 5ml
새로 간 신선한 후추
어린 시금치잎 100g짜리 1봉지
페타 치즈 100g, 부스러뜨린 것
신선한 민트잎 2tbsp, 잘게 썬 것

(4인분)

- 오븐을 220℃/425℉로 예열한다.
- 큰 오븐용 팬에 당근, 양파, 피망을 담고 올리브 기름의 반(30ml)을 붓는다. 후추를 뿌린 후 야채에 기름이 충분히 묻도록 잘 섞는다. 이것을 15분간 구은 후 호박씨와 쿠민시, 마늘을 첨가해, 당근이 부드러우면서도 씹는 맛이 날 정도가 될 때까지 10분간 더 굽는다.
- 오븐에서 야채를 꺼낸 후, 마늘은 따로 꺼내 도마에 올려 놓는다. 마늘 껍질을 벗기고 칼의 옆면을 이용해 곱게 다진다. 이것을 작은 그릇에 담고 남은 분량의 기름, 레몬즙, 꿀을 첨가해 포크로 잘 젓는다. 입맛에 맞게 후추를 첨가한다.
- 커다란 볼에 시금치를 넣고 구운 야채, 페타 치즈, 다진 민트와 위에서 만든 드레싱을 첨가해 잘 섞는다.

출처: www.britshcarrots.co.uk

---

1 양이나 염소 젖으로 만드는 흰색의 부드러운 그리스 치즈

불면증(Insomnia)

우리는 자는 동안 새로운 기억들을 저장하며 우리 몸의 성장, 원기 회복, 재생의 대부분도 수면 중에 일어나기 때문에 충분한 수면을 취하는 것은 더할 나위 없이 중요하다. 생활 습관을 조절하는 것 외에도, 멜라토닌(melatonin)이 함유된 음식이 도움이 될 수 있다.

불면증은 지나치게 각성된 느낌이 드는 주관적 감정으로 잠들기 어렵거나 수면을 지속하기 어렵거나 자고 난 후에도 개운한 느낌이 없는 증상이다. 대부분의 사람들이 언젠가는 불면증을 경험하기 마련인데 보통 걱정이 많거나 스트레스가 쌓일 때 나타난다. 불면증은 단지 며칠 동안만 지속될 수도 있고(시차로 인해 잠을 못 자는 경우 등) 이보다 더 오랜 기간 지속되기도 한다(불안증, 우울증, 질병, 알코올 남용 등). 만성 불면증이 있는 사람은 심각한 사고, 우울증, 고혈압 및 심장 질환 위험이 높아진다.

알고 있었나요?

수면 시간이 7시간 이하인 사람들은 8시간 이상 인 사람들에 비해 감기 바이러스에 노출되었을 때 감염될 확률이 3배 높다.

무엇이 원인인가? 불면증과 관련된 요인들:

- 스트레스 • 불안 • 우울증 • 교대제 근무 • 사별 • 대인관계
- 소음, 많은 부채, 편안하지 않은 온도 • 카페인 과다 섭취

숙면 체크리스트

- 낮잠을 자지 않는다.
- 정기적으로 운동하되 저녁 늦게 격렬한 운동을 하는 것은 피한다.
- 카페인, 니코틴, 과음 등 수면을 방해하는 물질을 피한다.
- 잠자리에 들기 전엔 긴장을 풀고 편안한 상태가 되도록 한다. 독서, 잔잔한 음악, 목욕 등이 도움이 된다.
- 매일 밤 같은 시간에 잠자리에 드는 습관을 갖는다.
- 편안한 침대(이부자리)를 마련하고 침실을 어둡고 조용하며 따뜻하게(18℃ ~ 24℃가 적정) 유지한다.
- 잠이 안 오면 일어나라. 책을 읽거나 걱정거리를 적어본다. 그러다 졸려지면 다시 침대로 들어가 잠을 청한다.

도움이 되는 식품

- 건강에 좋은 자연 식품으로 구성된 식사를 한다. 복합 탄수화물(시리얼, 빵, 파스타 등)과 과일 및 야채를 충분히 섭취하고 지나치게 기름진 음식을 피하는데 특별히 밤에는 먹지 않는다.

- 수면 유도 호르몬인 멜라토닌 생성에 필요한 트립토판(tryptophan)이 함유된 식품을 섭취한다. 칠면조, 바나나, 귀리, 꿀, 통 알곡, 유제품, 기름기 많은 생선, 견과류, 씨앗류가 이런 식품들이다. 복합 탄수화물(통 알곡)과 저지방 유제품(부분 탈지유, 유산균 요구르트 등)을 활용한 가벼운 간식은 트립토판뿐 아니라 마그네슘, 칼슘 등 진정 기능도 있어 불면증에 좋다.

- 몽모랑시(Montmorency) 체리 주스를 마신다. 이 주스는 멜라토닌이 함유된 몇 안 되는 식품 가운데 하나로 숙면에 도움이 될 수 있다(보충제 형태로도 구입 가능하다).

 칠면조 오픈 샌드위치[1](Open Turkey Sadwiches)

통귀리 빵 4쪽
버터 약간
사우어 체리(sour cherry) 잼이나, 크랜베리(cranberry) 소스 4 tbsp
익힌 칠면조 가슴살 250g, 얇게 썬 것
신선한 시금치잎 한 줌

(4인분)

- 빵에 버터를 조금씩 펴 바르고 체리 잼이나 크랜베리 소스를 한 스푼씩 바른다. 여기에 칠면조 가슴살과 시금치잎을 올려 놓아 먹는다.

---

1 위에 빵을 덮지 않은 샌드위치

우울증(Depression)

항상 기분이 좋은 사람은 거의 없을 것이다. 기분이 안 좋거나 가라앉는 것은 일상적인 일이지만 만약 이것이 너무 심하다면 본격적인 우울증으로 발전할 수도 있다. 연구에 따르면 오메가-3가 우울증 치료에 효과가 있으므로 기름기 많은 생선을 많이 먹는 것이 중요하다.

우울증은 세로토닌(serotonin), 노르아드레날린(noradrenaline), 도파민(dopamine)과 같은 뇌화학물질 사이의 불균형과 관련된 생리적 질환이다. 이러한 신경 전달 물질은 뇌세포 사이의 정보 전달 기능을 담당하는데 이들 사이의 균형이 깨지면 신체적 정신적으로 기력이 없어진다. 대표적 증상으로는 피로, 집중력 장애, 슬픔, 특별한 이유없는 눈물 등이 있다. 우울증이 있는 사람들은 초기에는 먹는 데서 위안을 얻기 때문에 과식으로 체중이 증가하지만 우울증이 장기화됨에 따라 점차 식욕을 잃으며 수면 장애가 생기고 아침 일찍 잠이 깨는 경향이 있다.

알고 있었나요?

사는 동안 심각한 우울증을 경험할 확률은 남성의 경우 1/10, 여성은 1/4이나 되므로, 오메가-3를 꾸준히 섭취하는 것이 중요하다.

도움이 되는 식품

- 통 알곡류, 뿌리 채소, 콩과 식물, 기름기 많은 생선을 주식으로 하는 저혈당 식사를 한다. 아무리 우울해도 식사를 거르지 않도록 노력한다.

- 기름기 많은 생선, 간, 강화된[1] 마가린, 달걀, 버터, 강화 우유를 섭취하고 적당히 햇볕을 쬐며 보충제를 복용하는 등 충분한 비타민 D 섭취에 신경쓴다.

> **우울증 체크리스트**
> - 만약 우울증이 있는 것 같으면 전문 의료진의 도움을 받는다.
> - 우울증에 대해 이야기한다. 자신의 생각과 감정을 다른 사람들에게 표현하는 것이 치료에 도움이 된다.
> - 최소한 30분에서 60분 동안 거의 매일 규칙적으로 운동한다. 운동은 기분을 좋아지게 하는 뇌 화학물질인 엔돌핀을 분비시킨다.
> - 가능한 밖에 나가 신선한 공기를 마신다.
> - 취미 생활을 하고 친구를 만난다.
> - 과음하지 않는다. 술을 마실 때는 권장량을 지킨다.

오메가-3

오메가-3 생선 기름(DHA, EPA)은 우리 뇌에서 중요한 구조적 기능적 역할을 담당한다. 전 세계적으로 생선을 거의 먹지 않는 사람들은 정기적으로 먹는 사람들에 비해 우울증 발병률이 더 높다. 임상 실험 결과 오메가-3 지방산을 2g 섭취하면 우울증 증상이 완화되고 치료에 도움이 되며 우울증 단기 코스 (the short-term course) 증상이 개선되는 것으로 나타났다.

---

1 식품에 비타민 등 다른 영양성분을 첨가하여 영양적으로 강화시킨 것

고등어 케저리(Mackerel Kedgeree[1])

현미밥 400g
삶은 달걀 2개, 다진 것
후추를 뿌려 훈제한 고등어 3토막, 얇게 저민 것
신선한 파슬리 다진 것 60ml
파 4대, 송송 썬 것
가람 마살라(또는 새로 간 신선한 커리 가루) 20ml
저지방 프로마쥬 프레이 150g
물냉이 작은 것 1 단

(4인분)

- 물냉이를 제외한 모든 재료를 함께 섞는다. 차거나 뜨겁게 해 먹을 수 있는데, 접시에 담은 후 물냉이를 얹어 장식한다.

---

1 쌀, 콩, 양파, 달걀, 향신료 등을 넣어 만든 인도 요리. 유럽에서는 생선을 넣어 만듦.

식단에 오메가-3를 포함시키자.

계절성 정서 장애(Seasonal affective disorder/SAD)

인구의 5% 가 SAD라고도 불리는 계절성 정서 장애를 겪는 것으로 추정된다. 남성보다 여성이 4배 더 많으며 20세에서 40세 사이에 가장 많이 나타난다. 식사를 통해 필요한 비타민을 충분히 섭취하는 것이 매우 중요하다.

SAD는 낮이 짧아지고 일조량이 줄어듦에 따라 발생하는 우울증적 증상이다. 이는 어쩌면 원시 사회에 존재했던 동면 반응(hibernation response)의 잔재인지도 모른다. 피로감, 전반적인 무력감, 졸음, 과식, 체중 손실과 더불어 잦은 눈물, 낮은 자존감, 우울증, 사회적 위축감 등 감정적 증상에 이르기까지 다양한 증상이 나타난다. 이러한 증상들은 11월부터 3월까지 계속되다가 여름철에는 호전되는 경향을 보인다. 이보다 경미한 형태의 겨울철 우울증(SAD(subsyndromal) 또는 윈터 블루(winter blue))도 있는데 보통 SAD보다 두 달 정도 늦게 시작된다.

SAD는 일반적으로 매년 되풀이되며 3년 동안 겨울철에 증상이 나타났다가(이 중 2년은 연속해서) 여름철에 호전되면 SAD로 진단된다. 어떤 사람들은 봄, 여름에 가벼

SAD 체크리스트

- 광선 요법(light therapy)을 시도해 본다. 햇볕과 유사한 시원한 느낌의 흰색 형광 광선(2500 lux)이 뿜어져 나오는 광선 박스를 사용하면 증상 완화에 도움이 될 수 있다. 광선 요법은 보통 SAD증상이 나타나기 한 달 전쯤 시작하는 것이 가장 효과가 좋다. 또한 자연적으로 날이 밝을 때와 유사하도록 기상 전에 빛이 점점 밝아지게 타이머를 설정해 놓으면 효과를 극대화할 수 있다.
- 잠에서 깬 후에도 계속 침대에 누워 있으면 무력감이 커지므로 빨리 일어난다.
- 가능한 야외에 나가 운동한다.
- 조금씩 자주 먹는다.
- 몸을 따뜻하게 한다.

운 경조증(hypomania)[1]이 나타나기도 한다.

도움이 되는 식품들

● 통 알곡류(포리지, 현미, 통보리, 퀴노아, 귀리 비스킷, 아침 식사용 무설탕 시리얼 등), 근채류(당근, 파스닙(parsnip), 순무, 스웨덴 순무(swede), 고구마), 십자화과 식물(cruciferous plant: 브로콜리, 컬리플라워, 배추잎), 콩과 식물(렌틸, 강낭콩) 및 신선하거나 말린 과일이 풍부히 함유된 저혈당 식사를 한다.

● 기름기 많은 생선과 치즈에는 뇌에서 세로토닌(serotonin)을 생산하는 데 필요한 트립토판(tryptophan)이 들어 있다.

● 기름기 많은 생선, 동물 간, 강화 마가린, 달걀, 버터, 강화 우유 등을 활용해 비타민D를 섭취한다. 비타민D는 기분에 중요한 영향을 미치며 일광 시간이 짧은 겨울에는 그 수치가 낮아지므로 SAD 증상에 영향을 미칠 수 있다.

● 비타민 B_6와 C를 충분히 섭취한다. 비타민 B_6(통 알곡, 콩, 호두, 기름기 많은 생선, 녹색잎 채소, 아보카도, 바나나 등)와 비타민C(감귤류, 키위, 베리, 고구마 등)는 세로토닌 생성을 돕는다.

---

1 일종의 과잉 행동으로써 경미한 형태의 조증

피해야 하는 식품들

- 알코올, 염분, 카페인 섭취를 줄인다.
- 과식하지 않는다. 연구 결과에 따르면 SAD가 있는 사람들은 단 탄수화물 식품을 과식하는 경향이 있다.

 고구마 생선 파이(Sweet Potato Fish Pie)

속(filling) 재료:
파 1단 , 송송 썬 것
혼합 생선 500g(대구, 해덕(haddock)[1], 연어, 훈제 연어, 새우 등), 큼직하게 썬 것
신선한 딜이나 파슬리 다진 것 15ml
레몬 1개, 즙과 얇게 썬 껍질
저지방 생크림 작은 팩 1개
새로 간 신선한 후추

토핑(topping) 재료:
익힌 고구마 700g, 으깬 것
숙성 체다 치즈 50g, 간 것

(4인분)

- 오븐을 290℃/375℉로 예열한다.
- 속 재료를 모두 한데 섞어 잘 양념한다. 이것을 파이 그릇이나   1인용 오븐 그릇 4개에 담는다. 으깬 고구마를 위에 올리고 체다 치즈를 뿌린다.
- 45분간, 또는 생선이 완전히 익고 토핑이 노릇노릇해질 때까지 굽는다.

---

1 대구와 비슷하지만 그보다 작은 바다 고기

주의력 결핍 및 과잉 행동 장애 (Attention deficit hyperactivity disorder/ADHD)

ADHD는 7세 이전에 첫 증상이 나타난다. 여자 아이보다 남자 아이들이 4배 더 많으며 거의 10%에(진단 기준에 따라 다를 수 있음) 가까운 어린이들이 ADHD가 있는 것으로 추정된다. 필수지방산(EFA) 결핍 및 영양 결핍이 ADHD에 영향을 미치는 요인 중 하나로 보인다.

ADHD는 정신 발달에 영향을 미치는 심각한 만성 이상 증상으로 ADHD 가 있는 아동은 항상 산만하고 가만히 있지 못하며 충동적이기 때문에 몹시 피곤하거나 지쳐있을 때조차 조용히 앉아 있기 어렵다. 작은 자극에도 몹시 흥분하며 진정시키려고 하면 날카롭게 소리를 지르며 히스테리를 일으키는 경우가 많다. ADHD 아동 중 일부는 사춘기가 되면서 증상이 호전되는데 이 시기에 약 40%가 ADHD에서 벗어난다.

거의 10%에 달하는 아이들이 ADHD를 갖고 있다.

도움이 되는 식품

- 영양가 높은 자연 식품을 섭취한다. 연구에 따르면 신선한 과일과 채소를 많이 먹고 설탕, 인공 색소, 조미료, 초콜릿, MSG (monosodium glutamate), 방부제, 카페인을 삼가면 아이들의 행동이 개선된다고 한다. 한 연구에 따르면 이런 식단을 따른 아이들의 부모들은 아이들 행동이 58% 나아졌다고 응답한 반면 그렇지 않은 그룹의 아이들은 거의 나아지지 않았다고 응답했다.

> **ADHD 체크리스트**
> - 임신 기간 중 금연해야 한다. 임신 중에 흡연하면 아이에게 ADHD 증상이 나타날 확률이 3배 높아진다.
> - 달맞이꽃 오일과 오메가-3 생선 기름 보충제를 복용해 본다.
> - 비타민 A, B복합체, C, D, E및 미네랄(칼슘, 마그네슘, 망간, 아연, 크롬, 셀렌, 코발트(cobalt))등 흔히 결핍되기 쉬운 영양소 보충을 위해 종합비타민 및 미네랄 보충제를 복용하는 것이 좋다.

- 필수 지방산(EFA) 섭취를 늘린다. ADHD 아동 중 일부는 필수지방산이 부족한데 이는 필수 지방산이 결핍된 식사나 그 아동이 일반적인 경우보다 더 많은 양이 필요한 사례이거나 필수지방산이 체내에서 제대로 처리되지 않는 것이 그 원인이다. 고등어, 연어, 송어, 정어리(46페이지 참조) 등 기름기 많은 생선과 함께 견과류, 씨앗류, 통 알곡, 진녹색 잎줄기 채소를 많이 먹도록 한다.

피해야 하는 식품

- 흰 밀가루, 설탕, 색소가 들어간 음식을 단계적으로 줄이고 영양가 높은 음식들로 대체한다. 꼭 필요한 경우에만 음식에 감미료를 첨가하며, 감미료를 사용할 때는 머스코바도 설탕(muscovado sugar)[1], 꿀, 당밀(molasses)을 조금만 넣는다.
- 일반적인 알레르기 유발 인자를 식단에서 제외시킨다. 한 연구에 따르면 과잉 행동 아동들이 밀, 옥수수, 이스트, 콩, 감귤류, 달걀, 초콜릿, 땅콩, 인공 색소 및 조미료를 제외한 식사를 한 결과 증상이 개선되었다. 과잉행동 지수가 평균25(고)에서 평균 8(저)로 2/3 이상 낮아진 것이다.

---

1 흑설탕의 일종으로 바베이도스 설탕(Barbados sugar)이라고도 불림

집에서 만든 피시케이크(Home-made Fishckaes[1])

뼈를 발라내고 익힌 생선(대구, 해독, 연어나 이런 생선들을 섞은 것) 400g, 큼직하게 썬 것
익힌 고구마 400g, 으깬 것
레몬 1개 껍질, 곱게 간 것
신선한 파슬리 15ml, 다진 것
신선한 차이브(chive) 15ml, 다진 것
새로 간 신선한 후추
오메가-3 강화 달걀 1개, 저어 놓은 것
신선한 통밀 빵가루 한 줌
튀김용 올리브, 유채씨, 삼씨 기름

(4인분)

- 볼에, 생선, 으깬 고구마, 레몬 껍질, 파슬리, 차이브를 넣고 조심스럽게 섞는다. 후추로 양념한다.
- 손에 밀가루를 묻히고 도마에도 뿌린 후 도마 위에서 위의 반죽을 4덩이가 되게 빚는다. 반죽 덩이에 달걀물을 입히고 빵가루를 고루 잘 묻힌 후 30분 이상 차갑게 보관한다.
- 이렇게 만든 피시케이크를 중간 불에서 한쪽 면에 5분씩, 바삭바삭 노릇해질 때까지 튀긴다.

---

1 특히 영국에서 많이 먹으며, 으깬 감자와 생선을 섞어 만든 요리

치매(Dementia)

치매는 나이가 들어감에 따라 더 흔해지는데 65~75세 인구 30명 중 1명, 85세 인구 5명 중 1명이 치매에 걸린다. 그러나 이 가운데 절반 이상이 식이요법과 생활 습관을 조절하면 예방 가능한 것으로 추정된다.

치매는 논리적으로 생각할 수 있는 능력을 점진적으로 잃어 가는 질환이다. 치매에 걸리면 판단력과 결단력이 손실될뿐더러 언어 사용, 이해력, 기억력에 문제가 생기고 익숙한 일들을 수행하거나 계획하는 데에도 어려움이 생긴다. 또한 감정, 행동, 성격에도 변화가 온다.

알츠하이머병은 가장 흔한 치매 형태로, 뇌 세포 내부의 단백질 변형(신경 섬유 매듭: neurofibrillary tangles)과 뇌세포 외부의 비정상적 단백질(아밀로

치매 체크리스트

- 체중이 느는 것을 조심해야 하는데 특별히 중년기에 그렇다. 비만은 치매 발병률을 두 배로 높인다.
- 정기적으로 운동하면 뇌에 공급되는 혈액량이 증가한다. 보통 하루에 1.6km 정도 걷는 사람들은 사고력이 흐려질 가능성이 절반으로 줄며 치매가 있는 사람이 일주일에 8km 이상 걸으면 치매의 진행이 느려진다.
- 금연한다. 흡연은 혈관에 경련을 일으키고 동맥 경화 및 노폐물 침착을 가속화하여 뇌에 공급되는 혈액량을 감소시킨다.
- 치료를 받는다. 심리 치료, 행동 치료, 심리 자극 요법(mental stimulation)이나 리얼리티 오리엔테이션 요법(reality orientation)이 도움이 될 수 있다.

운동은 뇌의 혈액 공급량을 증가시킨다.

이드 플라크: amyloid plaque)이 축적됨에 따라 나타난다. 노인성 치매는 뇌 세포내 단백질 소구체의 출현과 관련 있으며 혈관성 치매는 뇌의 혈액 공급 량 감소와 관련있다.

나이가 듦에 따라 치매에 걸릴 확률이 높아지는 것은 사실이지만 그렇다 고 반드시 생기는 것은 아니므로 치매를 노화성 질환으로 간주하지는 않는다.

도움이 되는 식품

• 하루에 5번 이상 과일과 채소를 먹는다. 과일과 채소의 비타민, 미네랄, 폴 리페놀은 혈압을 낮추고 치매를 예방한다(혈압이 낮으면 치매에 걸릴 확 률이 4~5배 낮아진다). 진녹색 잎줄기 채소가 특히 좋은데 여기에는 동 맥 손상과 치매에 관여하는 해로운 아미노산인 호모시스테인(homocyste-ine)의 수치를 낮춰주는 엽산이 들어 있다.

• 일주일에 한 번 이상 생선과 해산물을 먹는다. 생선 및 해산물을 정기적으 로 먹는 노인들은 치매 발병률이 낮다.

• 음식을 통해 비타민 D를 섭취한다. 비타민 D는 학습, 기억력, 기분에 직 접적인 영향을 미치는 것으로 추정되므로 치매 예방에 도움이 될 수 있 다. 기름기 많은 생선, 간, 강화 마가린, 달걀, 버터, 강화 우유에 비타민 D 가 많다.

- 비타민 E가 풍부한 식사를 한다. 비타민 E는 알츠하이머병 예방에 도움이 된다. 밀 배아유(wheatgerm oil), 아보카도, 버터, 마가린, 통 알곡, 견과류, 씨앗류, 기름기 많은 생선, 달걀, 브로콜리에 많다.
- 콩을 많이 먹는다. 소이 이소플라본(soy isoflavone)은 에스트로겐과 유사한 기능을 하며 나이 든 여성들의 기억력을 향상시킬 수 있다.

🍲 아보카도 & 새우 칵테일

저지방 마요네즈 60ml
저지방 생크림 60ml
토마토 케첩 60ml
레몬즙 약간
익힌 새우 200g
신선한 어린 시금치잎 한 줌
아보카도 2개, 얇게 썬 것
새로 간 신선한 후추

(4인분)

- 마요네즈, 생크림, 케첩, 레몬즙을 한데 섞는다. 여기에 새우를 넣고 잘 섞는다.
- 유리컵 4잔에 시금치잎과 아보카도 조각을 나눠 담는다. 여기에 위에 만들어 놓은 새우 칵테일을 담고 후추를 뿌려 마무리한다.

자궁 내막(증식)증(Endometriosis)

자궁 내막증은 가장 흔한 부인과 질환 (gynaecological condition) 중 하나로
많게는 여성 10명 중 1명에게 있는데 많은 경우 증상이 가볍거나 심지어 아예
없기도 하다. 유기농 식품을 선택하고 붉은색 육류를 피하는 것이 좋으며 기름
기 많은 생선은 자궁 내막증의 통증을 감소시킬 수 있다.

자궁내막증은 자궁 내막(endometrium)으로부터 퍼져나온 세포
가 몸의 다른 부분에 자리잡고 그 곳에서 증식하는 질환이다. 자
궁 내막 세포는 주로 골반이나 복강(abdominal cavities)으로 옮겨
가지만 간, 뇌, 심지어는 눈 뒤쪽으로도 퍼질 수 있다. 자궁선근
종(adenomyosis)도 이와 비슷한데, 이것은 자궁 내막 세포가 자
궁벽의 근육 섬유소들 사이에 자리를 잡고 이리저리 퍼져나가거
나, 유섬유종(fibroid)과 유사한 혹
을 형성하는 증상이다.

자궁 내막 세포는 한 달이 주기인
호르몬 사이클에 민감하기 때문에
한 달에 한 번씩 커지면서 주변 조
직으로 확산될 수 있으며 이렇게
되면 통증, 염증, 흉터가 생긴다.
자궁 내막증 증상으로는 양이 많고
통증이 심한 생리, 성관계에 수반
되는 통증 및 극심한 골반통(생리

자궁 내막증 체크리스트

- 만약 생리 양이 너무 많고 통증이 심하다면 의사와 상
담한다(한 연구에 따르면 자궁 내막증은 초기 증상이
나타날 때부터 정확한 진단을 받기까지 평균 7년이 걸
린다고 한다).
- 진통제를 복용한다. 아스피린, 파라세타몰(paraceta-
mol), 이부프로펜(ibuprofen) 등이 도움이 될 수 있다.
- 규칙적으로 빨리 움직이는 운동을 하면 자궁 내막증
예방에 도움이 된다.
- 적절한 수분을 유지하고 혈액 점성을 낮추기 위해, 충
분한 수분 섭취에 신경쓴다.

때 나타날 수 있다) 등이 있다. 또한 자궁 내막증이 있는 여성 3명 가운데 1명이 임신에 어려움을 겪는다.

도움이 되는 식품

- 자연 식품으로 구성된 식사를 하며 지나친 염분, 카페인, 설탕, 튀긴 음식 및 가공 식품을 피한다.

- 유기농 제품을 선택한다. 유기농 식품은 에스트로겐 호르몬과 유사한 작용을 하는 환경 독소(environmental toxin)가 적다.

- 채소를 많이 먹는다. 이탈리아의 한 연구에 따르면 채소와 신선한 과일 섭취량이 가장 많은 그룹의 여성들은 자궁 내막증 발병률이 가장 낮았던 반면, 소고기를 포함해 붉은색 육류 및 햄 섭취량이 가장 많은 그룹의 여성들은 섭취량이 가장 낮은 그룹보다 자궁 내막증 발병률이 2배 높았다.

- 기름기 많은 생선 섭취를 늘린다. 음식을 통해 생선 기름을 많이 섭취하는 여성들일 수록 생리통이 적은데 이는 생선 및 아마씨유, 해바라기유, 견과유, 삼씨유에 있는 필수 지방산이 호르몬간 균형을 향상시키는 유사 호르몬 물질의 구성 요소일뿐더러 염증 및 경련을 감소시키기 때문이다.

- 요오드(iodine) 섭취를 늘린다. 요오드 결핍은 자궁 내막증에 영향을 줄 수 있는데 요오드는 바다 생선과 해조류에 많다.

라임(lime)[1]과 고수를 곁들인 연어 세비체(Ceviche)[2]

신선한 생연어 225g, 적당한 크기로 썬 것
오이 반 개, 껍질 벗겨 적당히 썬 것
파 4대, 송송 썬 것
신선한 샐러드용 혼합 채소 4줌
양념장:
유기농 라임 4개, 즙과 얇게 썬 껍질
삼씨 기름 60ml
토마토 2개, 껍질 벗겨 작게 썬 것
파란 고추 1개, 씨 빼고 다진 것
신선한 고수 잎 한 줌, 다진 것
꿀 10ml
새로 간 신선한 후추

(4인분)

- 양념장 재료를 한데 섞는다. 연어를 비금속 그릇에 담고 양념장을 부어 잘 섞는다. 뚜껑을 덮어 연어가 불투명해질 때까지 3시간 가량 차갑게 보관하는데 가끔 뒤적여 준다.
- 샐러드 야채를 4인분으로 나눠 담고 양념이 벤 연어를 올린 후 오이와 파를 얹어 마무리한다.

---

1 레몬과 비슷하게 생긴 작은 녹색 과일
2 페루의 대표적 요리로써 해산물 샐러드

생리통(painful periods)

생리통은 생리 바로 전이나 생리 기간 동안 통증과 경련을 유발한다. 여성 10명 중 1명이 일상 생활에 지장을 받을 정도로 심한 생리통으로 고생한다. 오메가-3와 마그네슘 섭취를 늘리고 자연 식품으로 구성된 식사를 하면 도움이 된다.

월경 곤란증(dysmenorrhea)이라고도 하는 생리통은 생리 시작 첫 몇 해 동안 흔하다가 폐경기가 가까와지면서 다시 나타나는 경향이 있다. 이는 자궁 내벽에서 생성되는 유사 호르몬계 화학 물질(prostaglandins: 프로스타글란딘)과 관련되어 있다. 이 물질은 정상적인 경우에는 혈관을 축소해 생리혈을 감소시키는 자궁 경련(uterine spasm)을 유발한다. 그런데 평소보다 이 프로스타글란딘 생산량이 증가하거나 몸이 이에 대해 더 민감히 반응하면 심한 통증성 경련이 일어나게 된다. 월경 곤란증에 동반되는 통증은 이러한 수축기 때 자궁 조직에 공급되는 산소량이 부족한 것과 관련있는 듯하다. 장 역시 프로스타글란딘에 민감하므로 설사, 메스꺼움, 구토가 동반될 수도 있다.

생리통 체크 리스트

- 운동을 한다. 운동은 근육을 이완시키고 뇌의 천연 진통제 분비를 촉진한다.
- 통증을 악화시키는 지나친 스트레스를 피한다.
- 비 스테로이드계 항염제(이부프로펜 등)는 프로스타글란딘 분비량을 줄인다.
- 오메가-3 생선 기름과 소나무 껍질 추출물을 복용한다(소나무 껍질 추출물을 생리 시작 최소 2주 전에 복용하면 생리통이 상당히 줄 수 있다).
- 근육 이완을 위해 자기 요법(magnetic therapy)을 시도해 본다.
- 증상이 지속되면 혹시 다른 부인과 질환이 없는지 확인하기 위해 의사의 진료를 받는다.

도움이 되는 음식

- 지나친 염분, 카페인, 설탕, 튀김, 가공 식품을 제외하는 자연 식품으로 구성된 식사를 한다.

- 기름기 많은 생선 섭취를 늘린다. 기름기 많은 생선을 정기적으로 먹는 여성들은 생리 증후군이 적은데 이는 생선의 오메가-3 필수 지방산이 어떤 종류의 프로스타글란딘이 생산되는지에 이로운 작용을 해서 근육 경련을 감소시키기 때문이다.

- 마그네슘 섭취를 최대한 늘린다. 6번의 월경 주기동안 마그네슘 보충제를 복용한 결과 생리통이 줄어들었는데(특히 둘째 날과 셋째 날) 이는 마그네슘에 근육 이완 효과가 있기 때문이다. 콩류(특히, 대두(soy)), 견과류, 통알곡(곡물을 정제하면 마그네슘 대부분이 손실된다), 해산물, 진녹색 잎줄기 채소에 마그네슘이 풍부하다.

- 요리에 생강을 첨가한다. 생강은 메스꺼움을 가라앉히는 데 도움이 된다.

피해야 하는 식품

- 일부 여성들은 붉은색 육류와 유제품 섭취를 줄이면 도움이 되는데 이 때 철분 및 칼슘 보충제 복용을 잊지 않는다.

- 포화 지방 섭취를 줄인다.

🍲 생강 소스를 바른 연어 구이

신선한 연어 4덩이
파 1대, 송송 썬 것
글레이즈(glaze)[1] 재료:
신선한 생강 간 것, 30ml
쌀 식초 15ml
저염 간장 15ml
꿀 10ml

(4인분)

- 볼에 생강, 쌀 식초, 간장, 꿀을 넣고 섞는다. 그릴용 팬에 껍질이 밑으로 가도록 연어를 놓고, 소스(글레이즈)를 끼얹은 다음 뚜껑을 덮고 소스가 연어에 베도록 20분간 놓아 둔다.
- 그릴을 중간 세기로 예열한 후 연어가 막 단단해지기 시작할 때까지 5~10분간 굽는다. 송송 썬 파를 뿌려 마무리한다.

---

1 달걀, 우유, 설탕을 휘저어 만든 것으로 케이크 등에 광택을 내기 위해 바르는 것

생강은 메스꺼움을 가라앉힌다.

생리전 증후군(Premenstrual syndrome/PMS)

거의 절반에 가까운 여성들이 흔하지만 고통스러운 문제로 고생한다.
그러나 식단을 조절하는 것으로 증상을 완화시킬 수 있다. 한 연구에 따르면 다른 약을 복용하지 않고 식단만 바꾸어도 심한 생리전 증후군으로 고생하던 여성들의 19% 에게서 증상이 사라졌다.

생리전 증후군은 생리 2주 전부터 시작될 수 있으며 생리가 시작되자마자 멈추는 일련의 복합적인 증상들을 일컫는다. 불안, 짜증, 식욕 증가, 단 음식이 몹시 당김, 두통, 피로감, 우울한 기분, 체액 정체 현상, 가스 참, 유방 압통을 포함하여 150가지가 넘는 증상들이 있다. 생리전 증후군의 정확한 원인은 알려져 있지 않지만, 에스테로겐과 프로게스테론(progesterone), 이 두 여성 호르몬 사이의 상대적 불균형과 관련있는 것으로 추정된다.

도움이 되는 식품

- 가공 식품과 식품 첨가물 섭취를 최소화하고 자연 식품으로 이루어진 식사를 한다.
- 호르몬 균형을 저해하는 농약을 피하기 위해 가능하면 유기농 제품을 선택한다.

유용한 보충제들

- 마그네슘은 생리전 체액 정체 현상(체중 증가, 부종 (oedema), 유방통(mastalgia, 가스 참)을 개선할 수 있다.
- 칼슘과 비타민D는 두통, 부정적 감정, 체액 정체 및 통증을 완화시킨다.
- 달맞이꽃 오일은 생리전 증후군에 따르는 우울한 기분, 단 음식에 대한 욕구, 유방통에 도움이 된다.
- 에그너스 캐스터스(agnus castus)는 짜증, 감정 기복, 두통, 유방 팽창 등 생리전 증후군의 다양한 신체적, 감정적 증상들을 완화시킬 수 있다.

주의 : 이상의 보충제들은 약 2/3의 여성들에게 효과가 있지만 효과 여부를 알아보려면 최소한 3달 이상 복용해야 한다.

- 3시간 간격으로 복합 탄수화물(통밀 빵, 떡, 다이제스티브 비스킷[1], 통알곡 시리얼 등)을 섭취하면 혈당 수치 안정에 도움이 된다. 일부 전문가들은 혈당치가 낮으면, 프로게스테론 호르몬이 세포 수용체에 제대로 결합할 수 없다고 본다. 한 연구에 따르면 복합 탄수화물을 규칙적으로 섭취한 여성 중 절반이 증상이 해소되었고 나머지 중 20%는 증상이 완화되었다.

- 고등어, 연어, 청어, 정어리(46페이지 참조) 등 기름기 많은 생선 섭취를 늘린다. 생선에 포함된 필수 지방산은 호르몬 균형 최적화에 필요하다.
- 식품성 칼슘과 마그네슘 섭취량을 늘린다. 유제품, 달걀, 녹색 잎줄기 채소, 견과류, 씨앗류, 콩류 등에 들어 있는 칼슘은 호르몬 수용체의 활동을 촉진하며 마그네슘은 300개가 넘는 효소의 활동에 필수적일 뿐더러 호르몬 수용체의 상호 작용에도 관여한다. 견과류, 씨앗류, 통 알곡, 콩류에 마그네슘이 풍부하다.

---

1 통밀로 만든 둥그런 비스킷

피해야 하는 식품

- 체액 정체 현상을 완화시키기 위해 염분 섭취를 줄인다.
- 짜증 및 우울증을 덜기 위해 알코올과 카페인 섭취를 자제한다.

 ## 신선한 정어리를 얹은 통밀 토스트

깨끗이 씻은 신선한 정어리 4마리
삼씨유, 아마씨유, 또는 올리브유 30ml
파 4대, 채 썬 것
마늘 1쪽, 으깬 것
신선한 허브(베이즐, 파슬리 등) 한 줌, 다진 것
방울 토마토 8알, 반으로 가른 것
레몬 반 개, 즙과 얇게 썬 껍질
통밀 토스트 4쪽
새로 간 신선한 후추

(4인분)

- 정어리에 기름을 바른 후 파, 마늘, 허브와 함께 노릇노릇해질 때까지 볶는다.
- 여기에 토마토와 레몬즙, 레몬 껍질을 넣고 5분간 또는 완전히 익을 때까지 약한 불로 끓인다.
  토스트에 정어리를 얹고 후추를 뿌려 마무리한다.

코코넛에는 천연 항균 성분이
함유되어 있다.

유용한 보충제들

- 칼슘을 함유한 종합비타민과 미네랄은 영양 결핍을 막아 준다.
- 라파초 껍질 추출물(lapahcho bark/pau d'arco)은 전통적으로 칸디다 예방에 사용되어 왔다.
- 강장제(시베리아 인삼 등)는 발병 원인이 과도한 스트레스일 때 도움이 된다.
- 그레이프프루트씨 추출물, 올리브잎 추출물, 카프릴산 (carprylic acid: 코코넛, 야자유에 들어 있는 지방산으로 천연 항균 기능이 있다)은 모두 칸디다 치료제로 애용되는 것들이다.

주의 사항: 모든 보충제에 '이스트가 들어있지 않음 (yeast-free)'이라는 표시가 있는지 확인해야 하는데, 특히 비타민 B군일 때 더욱 주의한다.

소화관에 칸디다균이 있으면 이스트 단백질에 대한 과민 반응이 생길 수 있다. 칸디다균이 장 내벽을 '새도록' 만들어 불완전하게 소화된 음식 입자가 혈액 속으로 들어감으로써 면역 반응을 유발하는 것이다. 이론의 여지가 있긴 하지만 이는 과민성 대장 증후군과 비슷한 증상들과 함께, 피로, 두통, 가스 참, 몸살, 통증 등 비특이성 증상들을 유발하는 것으로 간주된다.

도움이 되는 식품

- 가능한 가공 식품 섭취를 최소화하고 저혈당 식사를 한다.
- 마늘, 허브, 향신료, 견과류(특히, 코코넛), 씨앗류를 포함해 천연 항균 성분이 함유된 식품을 충분히 섭취한다.
- 철분이 풍부한 식사를 하며(233 페이지, 빈혈 참조) 철분이 많이 든 음식(붉은색 육류 등)을 먹을 때는 비타민 C가 풍부한 음식(오렌지 주스 등)을 곁들여 장의 철분 흡수를 증가시킨다.
- 바이오 요구르트를 마시면 장에 있는 생균성 소화 박테리아를 보충해 장내의 칸디다균 증식을 억제한다.

피해야 하는 식품

일부에서는 칸디다 대응 식이요법의 효과를 의심하지만 수많은 사람들이 재발을 거듭하는 비특이성 증상들에 분명한 효과를 보고 있다. 기초적인 칸디다 대응 식이요법은 전문가의 관리하에 맥주 이스트(효모) 및 빵 이스트가 들어 있는 식품과 이스트 성장을 촉진하는 식품을 제외하면 최상의 효과를 얻을 수 있다.

- 흰 설탕 및 흑설탕을 피하고, 이들이 들어간 음식이나 음료수 섭취를 자제한다(꿀, 잼, 디저트, 당밀, 시럽, 케이크, 비스킷, 소스, 아이스크림, 청량 음료, 말린 과일, 밀크 초콜릿, 엿기름 등).
- 가공 처리된 탄수화물(흰 밀가루, 흰 쌀 등)과 이런 탄수화물로 만든 식품(비스킷, 케이크, 번빵(bun)[1], 흰 빵 등)을 피한다. 엄격한 칸디다 대응 식

---

1 건포도 등이 든, 단맛이 많이 나는 작고 동그란 빵

이요법에서는 현미, 통 알곡 시리얼, 통밀 파스타 등의 정제되지 않은 복합 탄수화물도 제한한다.

- 이스트 추출물, 치즈, 이스트를 넣은 빵, 알코올계 음료, 식초와 절임 음식, 훈제 식품, 간장, 두부, 포도, 포도 주스, 껍질을 벗기지 않은 과일, 말린 과일, 냉동 및 농축 과일 주스, 오래되어 곰팡이가 피었을 가능성이 있는 음식이나 채소, 버섯 등 이스트나 곰팡이가 있는 식품을 피한다.
- 소르비톨(sorbitol), 만니톨(mannitol), 자일리톨(xylitol), 아스파탐(aspartame), 사카린(saccharin) 등의 일부 감미료를 피한다. 이들은 체내에서 알코올처럼 변환되어 칸디다균 증식을 촉진하는 물질을 생성한다.
- 알코올, 차, 커피, 코코아 제품, 엿기름으로 든 밤참 음료, 탄산 음료, 과일 스쿼시[1]를 피한다. 때론 유제품도 삼가야 한다.

만약 증상이 눈에 띄게 호전되면 제외했던 음식들을 한 번에 한 가지씩 다시 먹으면서 그 중에 어느 것이 문제를 일으키는지 찾아낸다. 이러한 제한 식이 요법으로 증상이 별반 나아지지 않는다면 다시 가능한 여러 종류의 음식을 골고루 먹어 영양 결핍을 방지한다. 만약 서너 가지 이상의 식품을 장기간 먹지 않기로 결정했다면 영양 결핍을 방지하기 위해 반드시 영양 치료사나 영양사와 상의해야 한다.

---

1 과일 주스, 설탕, 물을 혼합한 음료

유제품이 들어가지 않은 코코넛 요구르트

코코넛 물(coconut water) 250ml
신선한 코코넛 450g, 간 것
생균 파우더 (2캡슐 분량)
감미료로 사용할 바닐라 농축액이나 스테비아(선택 사항)

(4인분)

- 코코넛 물과 코코넛 과육을 저어 잘 섞는다. 여기에 생균 파우더를 넣고 다시 잠깐 젓는다. 이것을 병에 담고 뚜껑을 닫은 후 하루 밤 동안(약 12~16시간) 실온에 놓아 두어 배양균이 활동할 시간을 준다.
- 입맛에 따라 바닐라 농축액이나 스테비아로 달콤하게 하거나 껍질을 벗기고 간 신선한 과일(바나나 등) 또는 아주 진한 다크 초콜릿을 갈아 넣는다. 또 이렇게 만든 요구르트를 얼리면 맛있는 코코넛 생균 아이스바가 된다.

이 요구르트를 얼리면 맛있는 코코넛 생균 아이스바가 된다.

다낭성 난소 증후군(Polycystic ovary syndrome/PCOS)

약 1/4의 여성들이 다낭성 난소 증후군을 갖고 있는 것으로 추정되지만 대부분의 경우에는 경미하기 때문에 전체적으로 1/20의 여성들만이 증상을 경험한다. 저혈당 식이요법으로 과도한 체중을 감량하면 증상 완화에 큰 효과를 볼 수 있다.

자궁에서는 여성 호르몬과 함께 소량의 테스토스테론 등 남성 호르몬도 분비된다. 그러나 만약 이 남성 호르몬 분비량이 많아지면 난포의 성장이 저해된다. 이렇게 되면 뇌하수체에서는 난소의 활동을 촉진하기 위해 황체 형성 호르몬(luteinizing hormone; LH) 분비를 증가시킨다. 이 결과 난소가 커지고 미성숙한 난자들이 든 낭종들이 난소를 뒤덮게 되는 것이 다낭성 난소 증후군이다. 증상으로는 생리혈이 감소되고 생리가 불규칙해지거나 없어지며 지성 피부, 여드름, 지나친 체모 외에도 임신에 어려움을 겪을 수 있다. 다낭성 난소 증후군 여성들 중 거의 절반이 과체중으로 대부분의 지방이 복부에 몰려 있는데 이는 테스토스테론과 관련된 남성형 지방 축적 형태이다.

또한 다낭성 난소 증후군이 있는 여성 가운데 상당수가 인슐린 호르몬에 대한 세포 반응이 둔해지는 신진대사 이상 증세를 경험한다.

다낭성 난소 증후군 체크리스트
- 다낭성 난소 증후군이 있는 것 같으면 의사와 상담한다. 콜레스테롤, 트리글리세리드, 포도당의 적절한 균형 유지를 위해서 치료가 중요하다.
- 포도당 내성을 기르기 위해 규칙적으로 운동한다.
- 금연한다. 흡연을 하면 난소가 손상되어 정상보다 최소 2년 이상 폐경기가 빨라진다.

이런 까닭에 다낭성 난소 증후군이 있는 여성들은 난소가 건강한 여성들에 비해 2형 당뇨병에 걸릴 확률이 7배나 높다. 다낭성 난소 증후군의 테스토스테론 수치 상승이 인슐린 저항성을 유발하는지 아니면 역으로 인슐린 저항성이 높아져서 테

> **유용한 보충제들**
> - 크롬(chromium)은 혈당 조절에 관여하며 인슐린 저항성을 완화시킬 수 있다.
> - 애그너스 캐스터스(agnus castus)나 톱야자(saw palmetto) 추출물은 호르몬 균형을 향상시킬 수 있지만, 전문 허브 연구가의 조언에 따라 복용해야 한다.

트토스테론 수치가 상승하는 것인지에 대해서는 전문가들 사이에 이견이 있지만 후자에 점점 무게가 쏠리고 있다. 또 식욕 이상 항진증(bulimia)[1]이 있는 여성들 중 다수가 굶을 때와 폭식 사이의 급격한 혈당 수치 변동으로 인해 다낭성 난소 증후군 증상을 보인다.

도움이 되는 식품

조금만 체중을 감량해도(단지 6kg) 호르몬 불균형이 개선되고 여드름과 과도한 체모가 줄며 임신 가능성이 높아진다. 인슐린 저항성을 고려하여 다음과 같은 식품을 섭취한다:

---

1 폭식을 하고 토해 내기를 반복하는 이상 증세

- 저혈당 식사를 한다. 통 알곡, 과일, 채소, 생선, 살코기 등 혈당에 큰 영향을 미치지 않는 식품을 섭취한다.
- 호르몬 균형 효과가 있는 이소플라본(Isoflavone: 에스트로겐과 유사한 식물 호르몬) 섭취를 늘린다. 이소플라본은 콩류, 렌틸, 병아리콩, 회향, 견과류 및 씨앗류에 많다.

피해야 하는 식품

- 정제 탄수화물 식품(흰 빵, 흰 파스타, 흰 쌀, 케이크, 비스킷 등)을 피하는데, 이런 음식들은 인슐린 생산을 촉진한다.

🍲 콩 & 회향 샐러드

익힌 혼합 콩 400g
당근 100g, 껍질 벗겨 간 것
신선한 딜 30ml, 다진 것
레몬 1개, 즙과 얇게 썬 껍질
삼씨, 유채씨, 또는 올리브기름 15ml

(4인분)

플로랜스 회향(Florence fennel) 200g, 간 것
신선한 생강 5ml, 간 것
신선한 파슬리 30ml, 다진 것
마늘 2쪽, 으깬 것
새로 간 신선한 후추

- 모든 재료를 한데 섞은 후 먹기 전 3~4시간 동안 냉장고에 넣어 숙성시킨다.

회향(fennel)은 호르몬 균형에
도움이 된다.

질병을 예방하고 치료하는 음식

불임(Infertility)

아기를 가지려고 노력할 때 임신 확률은 매달 약 20% 정도이다. 6쌍 가운데 1쌍이 임신에 어려움을 겪으므로 최대한 건강한 식사를 통해 임신 가능성을 높이는 것은 충분히 가치있는 일이다.

10쌍 가운데 1쌍이 임신 시도 첫 1년 안에
아기를 갖는데 실패한다.

불임은 임신이 안 되는 것이다. 따라서 대부분의 경우에는 '난임(subfertility)'이라는 용어가 더 적당한데 이는 많은 경우 작긴 해도 여전히 자연 임신의 가능성이 있기 때문이다. 임신 가능성은 나이가 들면서 줄어드는데 25세 여성은 평균적으로 5개월 이내에 임신이 되는 반면 35세 이상 여성은 6개월 이상이 걸린다. 10쌍 가운데 1쌍이 임신 시도 첫 1년 안에 자연 임신에 실패하며 5%의 커플은 2년 안에 임신이 되지 않는다.

불임 체크리스트

- 금연한다. 비흡연자들에 비해 흡연자들(남성 여성 모두)은 난임을 경험할 가능성이 3배 높다.
- 적정 체중을 유지한다. 심한 저체중이나 과체중에 비해 정상 체중 범주 여성들의 자연 임신 가능성이 높다.
- 스트레스를 피한다. 과중한 스트레스는 호르몬 균형을 저해하고 심지어 생리를 멈추기도 한다.
- 남성들은 면으로 된 느슨한 사각 팬티를 입는 것이 좋다. 화학 섬유로 만든 꼭 끼는 속옷은 정자 수를 20%까지 줄일 수 있다.
- 엽산이 함유된 임산부용 종합비타민을 복용한다. 이외에 꼭 필요하지 않은 약, 허브 및 여타 보충제는 삼간다.
- 임신 가능성을 최대화하기 위해 배란 예측 세트(ovulation predictor kit)를 사용한다.

도움이 되는 식품

- 가능한 유기농 식품으로 구성된 식사를 한다. 정제 및 가공 식품과 설탕 함량이 높은 식품보다 통 알곡 식품으로 이루어진 저혈당 식사는 생식 호르몬 균형에 영향을 미치는(특히, 과체중의 경우) 인슐린 저항성을 낮출 수 있다.
- 유기농 생선을 먹는다. 수은, PCBs(인공 화학 물질), 다이옥신(dioxin)과 같은 심해 독소에 노출되는 것을 최소화하기 위해 유기농 생선을 선택한다.
- 비타민, 미네랄, 미량 원소의 공급원인 신선한 과일과 채소를 많이 먹는다. 호박과 여타 노랑색, 주황색 과일과 채소에는 카로티노이드(carotenoid) 형태의 비타민 A가 함유되어 있다(레티놀 형태의 비타민 A (특히 간에 들어 있는)는 선천적 기형에 관여하는 것으로 추정된다).

피해야 하는 식품

- 정제 및 가공 식품과 설탕이 든 식품을 피한다.
- 알코올, 지나친 카페인, 청량 음료를 피한다. 일주일에 음주량이 5잔 이하인 여성들은 10잔 이상인 여성들에 비해 6개월 이내 임신 가능성이 두 배 높다. 남성이 불임의 원인인 경우 그 중 40%가 음주(과음이 아니어도)와 관련있다.

🍲 이탈리언 버터넛 스쿼시(Italian butternut) & 로즈메리 파스타

올리브유, 유채씨유, 또는 삼씨유 적당량
양파 1개, 잘게 썬 것
마늘 2쪽, 으깬 것
신선한 로즈메리 2줄기
버터넛 스쿼시 450g, 껍질 벗겨 씨를 뺀 후, 한 입 크기로 썬 것
토마토 4개, 잘게 썬 것
레몬 1개, 즙과 얇게 썬 껍질
새로 간 신선한 후추
익힌 통밀 파스타 450g

(4인분)

- 기름 두른 팬에 양파, 마늘, 로즈메리를 넣고 5분간 볶는다.
- 여기에 버터넛 스쿼시, 토마토, 레몬 즙과 껍질을 넣는다.
  뚜껑을 덮고 15분간 약한 불로 익히면서 가끔 저어준다.
- 소스를 걸쭉하게 만들기 위해 호박의 반 정도는 으깬다. 후추를 뿌린 후 통밀 파스타에 얹어 낸다.

폐경기(Menopuase)

폐경기는 여성의 삶에서 자연적인 단계로 가임기가 끝나는 시기이다. 보통 45세에서 55세 사이에 나타나지만 이보다 더 빠르거나 늦을 수도 있다. 천연 식물성 호르몬이 폐경기 증상의 완화 및 에스트로겐 부족과 관련된 여타 질환에 도움이 될 수 있다.

폐경기 자체는 마지막 생리일로부터 시작되며 난자 없이 난소가 기능하게 되면서 여성 호르몬(에스트로겐, 프로게스테론) 생산이 감소된다. 별다른 문제를 겪지 않는 여성들도 있지만 안면 홍조(hot flush), 식은땀, 질 건조, 수면 장애, 피로, 두통, 저리고 쑤심, 관절통, 요실금 등 다양한 증상을 겪는 여성들도 있다. 이런 신체 증상 외에도 감정 기복, 짜증, 집중력 저하, 불안, 낮은 자존감, 적응력 상실, 성욕 감퇴 등 정서적, 감정적 증상이 동반된다.

에스트로겐 결핍이 장기화되면 동맥 경화 및 이물질 침착으로 인한 동맥 협소화, 고혈압, 높은 콜레스테롤, 관상 동맥성 심장 질환, 골다공증 위험이 높아진다.

도움이 되는 식품

많은 식물들이 에스트로겐 수용체와 상호작용하여 안면 홍조나 식은땀 등의
폐경기 증상뿐만 아니라 고혈압, 높은 콜레스테롤 등에도 도움이 되는 식물
성 호르몬 (phytoestrogen)을 함유하고 있다. 이 가운데 가장 널리 알려진 것
은 대두, 병아리콩, 렌틸, 녹두에 들어 있는 이소플라본(isoflavone)이다. 이
러한 식물성 호르몬은 휴먼 에스트로겐보다 몇 백 배나 약함에도 불구하고,

알고 있었나요

폐경기 초기에도 여전이 임신 가능성이
있으므로 임신을 원하지 않는다면 50세
이상의 경우 마지막 생리일로부터 최소한
1년 동안 50세 미만의 경우에는 최소 2년
동안 피임을 해야 한다. 만약 의심스럽다
면 의사의 진료를 받는다.

폐경기 체크리스트

• 옷을 여러 겹으로 입어 안면 홍조가 나타날 때 한 겹씩
  벗기 쉽도록 한다.
• 밤에 열을 식힐 필요가 있을 경우를 대비해 침대 옆에
  선풍기를 놓아 둔다.
• 금연한다. 흡연은 에스트로겐 수치를 낮춘다(흡연 여
  성은 비흡연 여성보다 평균적으로 2년 먼저 폐경기가
  시작된다).
• 과도한 스트레스를 피한다. 스트레스를 심하게 받으
  면 아드레날린 분비선이 말라 폐경기 증상 완화에 도
  움이 되는 미량의 여성 호르몬이 평소와 달리 나오지
  않게 된다.
• 전반적인 건강을 위해 규칙적으로 운동한다.
• 질 건조에 대처해 윤활제(lubricant)를 사용한다.
• 호르몬 대체 요법(HRT)를 고려해 본다. 이 요법은 안
  면 홍조와 식은땀을 즉각적으로 해결해 주지만 부작
  용으로 유방암 발병률이 높아지는 것을 막기 위해 보
  통 최대 5년까지만 받을 수 있다(50세부터 시작해서).

부족한 에스트로겐 보충에 큰 도움이 된다.

식물성 이소플라본은 대부분 안정적인(비활성) 형태로 존재한다. 그러다가 체내에 흡수되면 대장의 박테리아가 이들을 분해하여 활성 성분이 분비되도록 만든다. 그러나 개인별로 이소플라본 신진 대사의 차이가 크므로 최상의 효과를 얻으려면 이소플라본과 함께 바이오 요구르트와 생균 보충제를 복용하는 것이 좋다.

천연 식물성 호르몬 섭취를 늘리기 위해 다음과 같은 식품들을 많이 먹는다.

- 콩류 : 특히 병아리콩, 렌틸, 알파파(alfafa), 녹두, 대두 및 대두 제품

유용한 보충제들

- 이소플라본 추출물은 안면 홍조에 상당한 도움이 된다.
- 검은 코호시(cohosh)[1]는 안면 홍조, 질 건조, 우울증 및 불안감 해소에 도움이 된다.
- 세이지잎 추출물은 안면 홍조, 식은땀에 도움이 되며 기억력 향상에도 좋다.
- 달맞이꽃 오일에는 필수 지방산인 GLA가 풍부한데 이는 성 호르몬의 기본 구성 물질로 활용된다.
- 칼슘과 비타민D보충제는 골밀도를 높여 골절 위험을 줄인다.
- 돌꽃류(rhodiola)는 스트레스를 덜어주고 불안과 피로감을 극복할 수 있도록 에너지를 공급해 준다.
- 오메가-3 생선 기름은 심장 발작/마비 위험을 줄일 수 있다.
- 5-HTP는 뇌 세로토닌의 구성 요소인데 기분을 좋게 하고 수면의 질을 향상시킨다.

---

1 북미 원산의 노루삼속 약초

우유를 좀 더 마신다…

질병을 예방하고 치료하는 음식

- 채소 : 진녹색 잎줄기 채소(브로콜리, 시금치, 양배추), 십자화과 식물(배추 잎, 콜라비(kohlrabi), 셀러리, 회향
- 견과류 : 아몬드, 캐슈넛(cashew nut), 헤이즐넛, 땅콩, 호두 및 견과유
- 씨앗류 : 특히 아마씨, 호박씨, 참깨, 해바라기씨, 발아된 씨
- 통알곡 : 특히 옥수수, 메밀, 수수, 귀리, 호밀, 밀
- 신선한 과일 : 사과, 아보카도, 바나나, 망고, 파파야, 대황(rhubarb) 등
- 말린 과일 : 특히 대추야자(date), 무화과, 자두, 건포도
- 허브 : 특히 안젤리카(angelica), 처빌(chervil), 차이브, 마늘, 생강, 파슬리, 로즈메리, 세이지

- 오메가-3 섭취를 늘린다. 아마씨, 삼씨, 기름기 많은 생선에 들어 있는 오메가-3 필수 지방산은 콜레스테롤을 낮추고 호르몬성 우울증을 완화시키며, 유방암 예방에도 도움이 된다.
- 칼슘 보충을 위해 부분 탈지 또는 탈지 우유를 하루에 500㎖ 가량 더 마신다 (비타민D를 충분히 섭취해 칼슘 흡수를 돕는 것도 중요하다).

피해야 하는식품
- 포화 지방 섭취를 줄인다.
- 지나친 설탕과 소금 섭취를 자제한다. 짠 음식을 피하고 요리나 식사시 소금을 첨가하지 않는다. 그 대신 후추나 허브로 맛을 낸다.
- 만약 알코올, 카페인, 자극적인 음식이 안면 홍조를 자극하는 것 같으면 이런 식품을 삼간다.

🍲 영양가 높은 야채 캐서롤(Casserole)[1]

올리브유, 유채씨유, 또는 삼씨유 30ml

마늘 2쪽, 으깬 것

당근 2개, 껍질 벗겨 잘게 썬 것

파스닙(parsnip) 큰 것 1개, 껍질 벗겨 잘게 썬 것

익힌 병아리콩 400g짜리 1캔, 체에 받혀 물기 뺀 것(또는 렌틸 한 줌)

붉은 피망 큰 것 1개, 잘게 썬 것

신선한 방울 토마토 1팩(약 300g)이나 썬 토마토 캔 400g 짜리 1개

아마씨 30ml

신선한 허브(세이지, 파슬리, 로즈메리, 오레가노) 한 줌, 다진 것

월계수잎 1장

저염 육수 250ml

양파 큰 것 1개, 잘게 썬 것

리크(leek) 큰 것 1대, 송송 썬 것

감자 4개, 껍질 벗겨 잘게 썬 것

버섯 큰 것 4개, 얇게 썬 것

토마토 퓌레 1tbsp

새로 간 신선한 후추

(4인분)

- 커다란 냄비나 캐서롤 그릇에 오일을 두르고 가열한 후 양파, 마늘, 리크를 넣고 부드러워질 때까지 볶는다.
- 남은 재료를 모두 넣고 후추로 양념한다. 필요하면 물을 더 넣어 야채가 모두 잠기게 한다.
- 팔팔 끓기 시작하면 불을 줄이고 가끔 저어가며 1시간 동안 은근히 끓인다.

---

1 오븐에 넣어서 천천히 익혀 만들며, 조리한 채로 식탁에 내놓을 수 있는 서양식 찜 요리

골다공증(Osteoporosis)

취약골(brittle bones)이라고도 불리는 골다공증은 50세 이상 여성의 1/3, 남성의 1/12에게 있는데 이보다 낮은 연령대에서도 종종 나타난다. 영양 결핍이 골다공증 유발 요소의 하나일 수 있으므로 균형잡힌 영양 공급이 필수적이다.

골다공증은 말 그대로 '구멍난 뼈'를 의미한다. 골 재형성 과정의 균형이 깨지면서 발생하는데, 자연적으로 재흡수되는 오래되고 낡은 뼈를 대신할 새로운 뼈가 충분히 만들어지지 않을 때 생긴다. 그 결과 뼈가 얇아지기 시작하며, 상체 무게로 인해 척추 골절이 생길 수 있고, 넘어지면 둔부 골절이나 손목 골절을 입을 수 있다.

도움이 되는 식품

- 충분한 칼슘 섭취는 평생 필수 사항이다. 탈지 우유나 저지방 우유600ml에는 700mg 이상의 칼슘이 들어 있다. 하버드 의대(Harvard Medical School's Institute) 의 노화 연구팀에 따르면 우유와 요구르트를 많이 마시는 사람들은 골반뼈의 골밀도가 높은 것으로 나타났다. 이외에도 진녹색 채소, 연어/정어리(뼈째 들은 통조림), 달걀, 견과류, 씨앗류, 콩류 및 강화 밀가루로 만든 흰 빵과 통밀 빵에도 칼슘이 풍부하다.

- 칼슘과 인산염(phosphate) 흡수에 필수적인 비타민 D 섭취를 늘린다. 비타민 D가 많은 음식으로는 기름기 많은 생선, 간, 달걀, 버터, 비타민 D 강화 우유, 비타민 강화 마가린 및 스프레드 등이 있다.

무엇이 원인인가? 골다공증과 관련된 요인들:

• 가족력 • 조기 폐경(45세 이전) • 임신 외에 어떠한 이유로든 생리가 멈추는 것 • 코르티코
스테로이드 치료(corticosteroid therapy) • 햇볕 노출 부족 • 장기적으로 몸을 움직이지 못하는
것 • 과음 • 흡연 • 장의 신진대사 장애(만성 소화 장애(coelilac disease) 등) • 비타민D, 칼
슘, 마그네슘, 인 결핍

• 과일과 야채를 하루 5번 이상 먹는다. 과
일과 야채에는 뼈에 좋은 이소플라본,
카로데노이드, 칼슘, 마그네슘, 붕소, 구
리, 엽산, 망간, 실리카(silica), 비타민C, 아
연 등 미량 영양소들이 함유되어 있다.

피해야 하는 식품

• 조기 골다공증과 관련된 붉은색 육류
섭취를 줄인다.

• 카페인 섭취를 줄인다. 하루에 커피를
4잔 마시는 여성들은 나이가 들었을 때
골반 골절로 고생할 가능성이 세 배 높아
진다. 이런 영향을 상쇄하기 위해 일부 전문가
들은 카페인이 든 커피 한 잔당(178ml) 칼슘 40mg을
추가로 섭취할 것을 권장하기도 한다.

• 소금은 신장을 통해 배출되는 칼슘량을 증가시키므로 염분 섭취를 줄인다.

• 과음은 식품성 칼슘이 몸에 흡수되는 것을 저해하므로 삼가야 한다.

• 인산이 함유된 청량 캔 음료는 뼈에서 칼슘이 빠져나오도록 하므로 마시지
않는다.

베리 크런치(Berry Crunchy)

여러 가지 신선한 베리 한 줌(라즈베리, 블루베리, 딸기 등), 작게 썬 것
저지방 저설탕 요구르트 400ml(아침 식사로는 플레인, 디저트로는 바닐라)
얇게 썬 아몬드 한 줌
호박씨 한 줌
참깨 한 줌

(4인분)

- 유리컵 4잔에 베리를 나누어 담는다. 여기에 요구르트를 떠 넣고 아몬드, 호박씨, 참깨를 뿌려 마무리한다.

골다공증 체크리스트

- 규칙적으로 운동한다. 에어로빅, 라켓(racket) 스포츠, 조깅 등 고강도 운동은 새로운 뼈 생성을 촉진하며 나이 든 사람들의 경우 걷기, 정원일, 계단 오르기 등 모든 활동이 도움이 된다. 또한 이러한 육체적 활동은 근육을 강화하여 넘어질 위험을 줄여 준다.
- 금연한다.
- 알루미늄이 함유된 위산 제거제(제산제)를 피한다. 10년 이상 정기적으로 복용할 경우 골반 골절 위험이 두 배로 높아진다.
- 과도한 스트레스를 피한다. 스트레스 호르몬은 뼈에 직접적으로 악영향을 미치며 아드레날린선에서 분비되는 성 호르몬 양을 감소시키는데 이는 더 나이가 들었을 때 사용할 호르몬을 없애는 것이다.
- 골다공증 예방을 위해 칼슘과 비타민D 보충제를 복용한다.
- 햇볕을 쬔다. 자외선 차단제를 바르지 않고 15분간 밝은 햇빛을 쬐면, 피부에 해를 입히지 않고도 비타민D 수치를 높일 수 있다.

골관절염(Osteoarthritis/OA)

골관절염은 관절 일부가 점진적으로 퇴화되는 질환이다. 45세 이상 남성의 1/6, 여성의 1/4이 무릎 관절에 엑스레이 사진으로 식별할 수 있는 골관절염 증상이 있지만, 이 중 절반만이 통증을 느낀다. 염증을 줄이는 식품을 섭취하면 증상 완화에 도움이 될 수 있다.

골관절염은 움직일 수 있는 관절의 연골 내벽이 퇴화되는 것과 관련있다. 골관절염은 무릎, 골반, 척추 아랫부분과 같이 몸무게를 지탱하는 관절들에 가장 흔하지만, 턱, 손목, 손가락 등 반복적으로 사용하는 관절들에도 나타난다. 골관절염이 진행되면 관절 연골이 약해지고 경직되며 압력을 견딜 수 있는 능력이 떨어진다. 더 나아가 관절 연골에 금이 가고 떨어져 나가면 그 밑에 있던 뼈가 드러나면서 염증이 발생한다. 염증, 연골 손실, 관절 변형이 일어나고 그 결과 몸이 뻣뻣해지며 활동에 제한이 생긴다. 걸음걸이가 부자연스럽고 불편해지면서 인대와 근육에 통증을 느끼게 된다.

60세에 이르면 거의 80%에 이르는 사람들이 적어도 한 군데 이상 관절에 골관절염을 갖게 된다. 또 여성이 남성보다 골관절염 발병률이 두 배 높다.

골관절염 체크리스트

- 근력 유지를 위해 거의 매일 운동한다.
- 평지에서 운동하며 필요에 따라 지팡이를 사용한다.
- 장시간 무릎을 꿇거나 쪼그리고 앉는 자세, 지나치게 무거운 물건을 드는 것을 피한다.
- 얼음 마사지나 아이스팩을 사용하면 관절통에 도움이 된다.
- 햇볕을 쬔다. 자외선 차단제를 바르지 않고 밝은 햇빛을 15분 동안 쬐면 피부 손상 없이 비타민 D 수치를 높일 수 있다.

망고를 먹으면 염증이 감소될 수 있다.

도움이 되는 식품

- 오메가- 3섭취를 늘린다. 오메가 -3 지방산은 아스피린과 동일한 방식으로 염증을 해소하고 염증 유발 효소의 활동을 줄이는 리잘빈(resolving)이라는 물질로 변환된다. 오메가 -3가 풍부한 식품으로는 고등어, 청어, 연어,

유용한 보충제들

- 종합비타민과 미네랄은 체중 감량을 위해 식사량을 줄일 때 영양 결핍이 생기지 않도록 도와 준다.
- 오메가-3 생선 기름은 진통제 사용을 줄여준다.(기름기 많은 생선을 먹지 않는 경우 치료에 도움이 될 정도의 효과를 얻기 위해서는 고용량 캡슐을 매일 복용해야 한다).
- 비타민 D는 연골 세포에서 만들어지는 연골의 질을 향상시키거나 양을 늘려 골관절염을 예방한다(비타민 D3가 포함돼 있는 것이 효과가 더 좋다).
- 비타민 C는 골관절염 진행 및 무릎 통증이 나타나는 것을 지연시킨다.
- 비타민 E는 통증을 감소시켜 준다. 한 연구에 따르면 6주간 비타민 E를 매일 복용한 결과 가만히 있을 때나 움직일 때 모두 통증이 감소되었고 진통제가 덜 필요하게 되었다.
- 글루코사민 황산염(glucosamine sulphate)과 황산 콘드로이틴(chondroitin sulphate)은 3명 중 2명에게 효과가 있는데 연골 생성을 촉진하고 염증 및 통증을 감소시킨다.
- MSM[1]은 관절 연골 재생에 필요한 황의 공급원으로, 12주 이상 복용시 관절통 감소 및 신체 기능 향상에 효과가 있는 것으로 나타났다.
- 데빌스 클로(Devil's claw), 생강, 들장미 열매 추출물에는 비 스테로이드계 소염제(NSAIDs)와 유사한 진통 기능을 가진 독특한 화합물질이 들어 있다.

---

1 식물, 동물, 사람에게 있는 화학 물질로, 실험실에서 만들 수도 있다.

송어, 정어리 등 기름기 많은 생선(일주일에 2~4번 먹는 것이 바람직하다), 사슴고기나 버팔로 등 야생 사냥감 고기, 풀을 먹여 키운 소고기, 오메가-3 강화 달걀 등이 있다.

- 골관절염 예방에 도움이 되는 비타민 D 섭취를 늘린다. 기름기 많은 생선, 간, 달걀, 버터, 강화 우유 및 마가린에 들어 있다.
- 브라질 호두를 먹는다. 연구 결과에 따르면 셀렌 섭취가 높을수록 골관절염 발병률이 낮아지는데, 셀렌이

알고 있었나요 ?

체중이 1 kg 증가할 때마다 걷거나 서 있을 때 무릎 관절에 가해지는 힘은 2~3 kg씩 증가한다. 체중을 감량하면 몸무게를 지탱하는 관절들에 가해지는 힘이 감량 체중의 최대 4배까지 줄어든다.

가장 풍부한 식품이 바로 브라질 호두이다(하루에 브라질 호두 2개면 충분하다). 이외에 해산물, 내장, 일부 국가에서 재배되는 밀가루(미국, 캐나다 등)에도 셀렌이 함유되어 있다(대부분의 유럽 국가, 중국, 뉴질랜드 토양에는 셀렌이 부족하기 때문에 농작물에도 이 중요한 미량 영양소가 부족하다).

- 골관절염에 좋은 과일과 채소를 먹는다. 브로콜리, 시금치, 봄 나물 등의 진녹색 잎줄기 채소에 관절에 좋은 항산화성 카로티노이드, 비타민 C, 칼슘, 마그네슘이 들어 있다. 또한 당근, 고구마, 구아바(guava), 망고, 호박 등의 노랑/주황색 과일과 채소에는 비타민 C와 항산화성 카로데노이드가 풍부하므로 관절염성 염증 감소에 도움이 된다.
- 향신료를 사용한다. 아니스(anise), 고추, 정향 , 쿠민, 회향, 생강, 겨자, 강황 등의 카레 향신료에는 항염성 진통 기능이 있기 때문에 관절통 완화에 도움이 된다.
- 차를 많이 마신다. 특히 화이트 티와 녹차에는 항산화 기능이 우수한 카테킨(catechin) 성분이 들어 있는데 이는 관절 염증을 유발하는 화학 물질의 활동을 억제하며 골관절염에 따르는 연골 손상을 방지한다.

피해야 하는 식품

- 오메가-6 지방산 섭취를 줄인다. 이 지방산의 과다 섭취는 체내 염증을 증가시킨다. 홍화유, 포도씨유, 해바라기유, 옥수수유, 목화씨유, 대두유 등 오메가-6가 함유된 식물성 기름과, 오메가-6 기름으로 만든 마가린 사용을 줄이고(유채씨유, 올리브유, 호두유, 마카다미아유 등 건강에 좋은 기름으로 대체한다), 즉석 식품, 패스트 푸드, 케이크, 사탕류, 페이스트리 등 가공 식품을 피한다.

- 만약 다른 방법이 효과가 없다면, 몇주 동안 토마토, 피망, 고추, 가지, 감자(가지과 식물) 섭취를 줄인 후 증상이 개선되는지 살펴본다. 이론의 여지가 있긴 하지만 이런 식품에 포함된 화학 물질(글리코알카로이드; glycoalkaloid)에 대한 민감성이 관절통 악화에 기여하는 경우가 있다(모든 사례에 해당되는 것은 아니다).

🍲 브라질 호두를 넣은 바다 송어(saomon trout)

바다 송어 작은 것으로 4마리, 뼈 발라낸 것
브라질 호두 100g, 다진 것
신선한 파슬리 60ml, 다진 것
왁스처리되지 않은 레몬 1개, 즙과 얇게 썬 껍질
마늘 2쪽, 으깬 것
새로 간 신선한 후추
플로랜스 회향(Florence fennel) 100g, 성냥개비 길이로 썬 것

(4인분)

- 오븐을 190℃/375℉로 예열한다.
- 바다 송어를 깨끗이 씻고 머리, 지느러미, 꼬리를 잘라 낸다. 뼈를 발라낸 생선 속에 브라질 호두, 파슬리, 레몬 껍질을 채워 넣는다. 여기에 레몬즙과 마늘을 뿌리고 후추도 넉넉히 뿌린다.
- 구이용 그릇에 회향을 깔고 그 위에 바다 송어를 놓는다. 호일로 덮어서 생선 살이 단단해질 때까지 20~30분간 굽는다.

브라질 호두는 셀렌의 가장 우수한 공급원이다.

류마티스성 관절염(Rheumatoid arthritis /RA)

전체 인구의 약 1%가 류마티스성 관절염으로 고생하는데 남성보다 여성이 5배 더 많다. 이 중 1/4은 30세 이전에 증상이 나타나지만 대부분은 40~50대에 발병한다. 관절염 예방 및 증상 완화에 효과가 있는 음식들을 먹으면 도움이 된다.

겨울철에 몸을 따뜻하게 유지한다.

류마티스성 관절염은 일부 관절의 활막(synovial membrane) 내벽이 두꺼워지고 염증이 생기면서 그 부위가 붉어지고 경직되며 붓고 통증이 생기는 염증성 질환이다. 염증이 점차 뼈로 번져가면서 뼈가 닳고 변형된다. 보통 류마티스 관절염은 손과 발 소관절에 흔히 나타지만 목, 손목, 무릎, 발목에도 생길 수 있다. 류마티스 관절염이 있으면 몸이 자주 아프고 체중이 줄며 눈 등 다른 신체 부위에도 열이 나고 염증이 생길 수 있다.

류마티스 관절염 체크리스트
- 겨울철 찬바람을 피하고 가능한 따뜻하게 지낸다.
- 아침에 일어나자마자 뜨거운 비눗물에 뻣뻣한 손을 담그고 손 운동을 한다. 이렇게 하기를 하루 종일 필요할 때마다 반복한다.
- 뜨거운 목욕이나 샤워를 자주 한다. 온찜질이나 냉찜질 역시 도움이 된다.
- 관절이 쑤시고 약해지는 증상을 덜어 주는 생선 기름이나 초록 입 홍합(green-lipped mussel) 추출물을 복용한다.

무엇이 원인인가? 류마티스 관절염과 관련된 요인들:
- 가족력 • 여성 • 비정상적 면역 반응 • 바이러스성 감염(가능성)

도움이 되는 식품

- 채식을 시도해 본다. 엄격한 채식(vegan)[1]이나 유제품을 포함시키는 채식 (lactovegetarian)을 하면 증상이 완화되는 경우가 있다. 연구 결과에 따르면 채식을 단지 4주만 해도 쑤시고 부은 관절 수, 통증, 아침에 뻣뻣한 상태가 지속되는시간 등이 줄며 악력 및 전반적인 건강이 향상되는 것으로 나타났다(엄격한 채식을 하는 경우에는 비타민 B$_{12}$, D 철분 및 아연 보충제를 복용하는 것이 좋다).
- 채소를 많이 먹는다. 채소 섭취량이 많으면 예방 효과가 있는 것으로 보이는데 특히 양배추, 브로콜리, 청경채, 시금치, 콜라비(kohlrabi), 배추 등 십자화과 채소가 좋다.
- 올리브 기름 섭취를 늘린다. 그리스 연구팀의 실험 결과에 따르면 올리브 기름을 많이 먹는 사람들은 류마티스 관절염에 걸릴 가능성이 38% 낮았다.
- 생선 섭취를 늘린다. 일주일에 2번 이상 굽거나 찐 생선을 먹으면 1번 먹을 때에 비해 류마티스 관절염 발병률이 절반으로 낮아진다고 한다.
- 류마티스 관절염 예방에 좋은 비타민D를 충분히 섭취한다. 기름기 많은 생선, 생선 간 기름, 달걀, 버터, 강화 우유에 풍부하며 비타민제를 복용할 수도 있다.

---

1 고기는 물론 우유, 달걀도 먹지 않음

- 아보카도를 먹는다. 아보카도에는 관절염 억제 기능이 있는 항산화성 불포화 지방, 필수 지방산, 베타-시토스테롤(beta-sitosterol), 비타민 E 등이 포함되어 있다(아보카도 추출물을 관절염 치료제에 사용하려는 연구가 현재 진행 중이다).
- 과일을 많이 먹는다. 짙은 적청색 색소가 함유된 과일(체리, 포도, 블루베리, 빌베리, 블랙베리, 다크 라즈베리, 엘더베리 등)에는 관절염 치료에 도움이 되는 항산화성 안토시아닌(anthocyanin)이 들어 있다.

피해야 하는 식품

- 육류 섭취를 줄인다. 식습관에 대한 설문 조사 결과를 보면 류마티스성 관절염과 육류 및 육류 제품 사이의 연관성이 발견된다. 육류 섭취가 많은 사람들은 적은 사람들에 비해 류마티스성 관절염 발병률이 2배 더 높다.

과카몰리 보트(Guacamole[1] Boat)

크고 잘 익은 아보카도 1개, 껍질 까고 씨 빼낸 것
레몬이나 라임 반 개 분량 즙
엑스트라 버진 올리브 기름 30ml
새로 간 신선한 후추
배추잎

(4인분)

- 배추잎을 제외한 나머지 재료를 모두 믹서에 넣고 갈아 걸쭉하게 만든 후 후추를 첨가한다. 이것을 배춧잎에 얹어 먹으면 훌륭한 건강 간식이 된다.

---

1 아보카도 으깬 것에 양파, 토마토, 고추 등을 섞어 만든 멕시코 요리

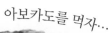

아보카도를 먹자…

통풍(Gout)

통풍은 500명 중에 1명이 앓고 있는 질환이다. 폐경기 전까지는 여성보다 남성 환자수가 9배 더 많지만 그 이후에는 동일한 비율로 나타난다. 통풍에는 식이요법이 상당히 효과적인데 식단을 바꾸는 것만으로도 2명 중 1명이 통풍의 반복성 발작을 막을 수있다.

통풍은 일부 관절이나 연조직(soft tissue) 내부에 바늘처럼 생긴 요산(uric acid) 결정체가 형성되면서 발생하는데 이런 증상은 흔히 엄지 발가락 밑에 나타난다. 이렇게 되면 환부가 붉어지고 부으며 극심한 통증이 동반되는 관절염이 생긴다. 또한 미열이 있을 수도 있다. 보통 며칠 이내로 증상이 가라앉지만 몇 달 후 또는 심지어 몇 년 후 재발할 수 있다.

요산은 푸린(purines)이라는 기본 구성 물질로 이루어져있다. 이 푸린의 대부분은 체내에서 생성되는데 오래된 세포의 유전 물질이 재활용되는 과정에서 만들어진다. 그러나 식품으로 섭취하는 푸린 역시 전체 요산의 약 1/5에 달하므로 식이요법이 통풍에 큰 영향을 미친다.

도움이 되는 식품

- 베리류, 과일, 채소를 많이 먹고 동물성 단백질을 제한하는 고섬유질의 채식 위주 식사를 한다.
- 저지방 유제품을 먹는다(탈지 우유, 저지방 요구르트 등). 우유 단백질(카

세인(casein)과 락트알부민(lact-albumin))은 요산이 신장을 통해 배출되는 양을 증가시켜 강력한 예방 효과가 있는 것으로 보인다.

- 체리, 포도, 블루베리, 빌베리 등 짙은 적청색 과일을 많이 먹는 다. 이들에는 항산화 성분(안토 시아니딘)이 함유되어 있고 요산 수치를 낮출 수 있기 때문에 매일 약 250g씩 먹으면 통풍을 예방할 수 있다.

> ### 유용한 보충제들
> - 생선 기름 보충제는 항산화 기능이 있으며 푸린을 함유하고 있지 않다.
> - 농축 빌베리 추출물에는 요산 수치를 낮추는 항산화 성분이 들어 있다.
> - 데빌스 크로(Devil's claw)는 요산의 배출을 촉진하여 통풍의 재발 위험을 낮춘다.
> - 고용량 비타민C 는 인체 조직에서 요산을 추출함으로써 몸 밖으로 배출되는 요산량을 늘린다(비산성인 Ester-C가 가장 좋다)
> - 주의 사항: 요산 수치를 증가시키는 아스피린을 피하고, 일일 권장량보다 많은 비타민B₃(niacin; 니아신)나 비타민A 를 함유한 보충제 역시 피해야 하는데, 이들 역시 많이 섭취하면 요산 수치를 높일 수 있기 때문이다.

- 사과를 매일 1개씩 먹는다. 사과에는 요산이 용해 상태로 있도록 해서 몸 밖으로 배출되는 것을 돕는 맬릭산(malic acid)이 들어 있다.
- 물을 매일 2리터 이상 마신다. 이렇게 하면 요산이 용해된 상태로 있는데 도움이 된다.

피해야 하는 식품

- 간, 신장, 조개류, 기름기 많은 생선(특히, 청어와 정어리), 사냥용 고기, 육류, 이스트 추출물 등 푸린이 풍부한 식품을 피한다. 아스파라거스, 콜리

플라워, 버섯, 렌틸, 시금치 등 일부 야채 역시 상대적으로 푸린 함량이 높긴 하지만 통풍에 악영향을 미치지는 않는다. 47,000명 이상의 남성을 대상으로 한 최근 연구에 따르면 식물성 푸린을 어느 정도 섭취하여도 통풍의 위험이 증가하진 않았는데 이는 이 야채들에 들어 있는 항산화 성분 및 섬유소의 혜택 때문이다.

• 설탕을 넣어 달게 만든 청량 음료를 피한다. 이런 음료들은 통풍 발병률을 높인다.

• 과음은 요산 생산을 증가시키고 배출량은 줄이므로 피해야 하는데, 특히 그 자체로 푸린 함량이 높은 맥주가 해롭다.

🍲 사과, 체리 & 블루베리 스무디

붉은 사과 4개, 씨 부분을을 도려낸 것
체리 한 줌, 씨 빼낸 것
블루베리 한 줌
무설탕 사과 주스 100ml
저지방 천연 유산균 요구르트 100ml

• 모든 재료를 믹서에 넣고 갈아 아침에 마시면 하루를 건강하게 시작할 수 있다. 또 입맛에 맞도록 사과 주스를 가감하면 좀 더 묽거나 진한 스무디를 만들 수 있다.

소화불량(Indigestion)

소화불량과 속쓰림은 식사 후 30분 이내에 흔히 나타나는 증상으로 과식이나 운동 또는 몸을 굽히거나 누웠을 때 나타난다. 5명 중 4명이 소화불량이 무서워 좋아하는 음식을 먹지 못하는데 조심스러운 식생활이 중요하다.

소화불량은 음식을 먹은 후 주로 복부 위쪽에 느껴지는 모든 종류의 불편함을 이르는 일반적 용어이다. 속에 찬 공기로 인한 팽창감, 속 부글거림, 메슥꺼림, 속 쓰림, 신맛(acidity), 복통, 타는 듯한 느낌 등이 증상에 포함된다. 이 중 속쓰림은 특별히 흉골 뒤쪽이 뜨겁고 타는 듯하며 이런 느낌이 목까지 퍼지기도 하는 증상을 지칭하는 말이다.

속쓰림의 가장 흔한 원인 가운데 하나는 위산 역류로 이것은 위의 내용물이 식도(입과 위를 연결하는 관)를 타고 역류하는 현상이다.

이렇게 되면 민감한 식도 내벽에 위산 및 위 효소가 닿아 이 부분 근육에 통증성 경련이 일어날 수 있다. 심각한 경우에는 심장 마비/발작의 흉통과 유사한 통증이 수반되며, 관상 동맥성 질환을 집중 치료하는 병동의 입원 환자들 중 20%가 사실은 심장 질환이 아니라 위식도 역류 문제인 것으로 추정된다.

소화불량 체크리스트

- 과도한 체중을 감량한다.
- 헐렁한 옷, 특히 허리 둘레가 느슨한 것을 입는다.
- 금연한다.
- 아스피린 및 아스피린 관련 약품(이부프로펜 등)을 피한다. 이들은 위벽에 자극이 될 수 있다.
- 누웠을 때 증상이 나타난다면 베개를 15~20cm 정도 높인다(베개 밑에 책을 받쳐서 높인다).
- 마음을 편안하게 가진다. 스트레스는 소화불량의 주요 원인이므로 편안한 마음으로 충분한 시간을 들여 식사를 즐긴다.
- 만약 증상이 계속되거나 주기적으로 재발하면 의사의 진료를 받는다.

무엇이 원인인가? 소화불량과 관련된 요인들:

• 기름기 많고 너무 시거나 자극적인 음식을 과식함 • 과음 • 흡연 • 과체중 • 위와 식도 사이의 밸브가 약함 • 열공 헤르니아(hiatus hernia) • 불안/스트레스 • 위산 역류 • 위궤양 • 담낭 질환(gallbladder disease)

도움이 되는 식품

조금씩 자주 먹고 과식을 피하며 식사하자 마자 몸을 구부리거나 눕지 않도록 조심한다.

• 흰 쌀밥, 귀리, 스크램블드 에그, 익은 바나나, 익힌 녹색 잎줄기 채소, 수박, 닭 육수, 요구르트 등 자극적이지 않고 너무 시지 않으며 소화하기 쉬운 음식을 먹는다. 플레인 크래커나 다이제스티브 비스킷도 좋다.

• 우유와 요구르트에는 과도한 위산을 희석해 주는 칼슘염이 들어 있다.

• 파파야에는 소화불량에 도움이 될 수 있는 소화 효소가 들어 있다(소화 효소에 대해서는 184페이지 참조).

• 생균 음료 또는 바이오 요구르트를 마신다. 풍부한 유산균이야말로 장 건강의 핵심이다.

• 알로에 베라 주스를 마신다. 알로에 베라는 천연 제산제[1] 이다(임신 또는 수유 기간에는 피해야 한다).

---

1 위산을 중화하는 약

피해야 하는 식품

- 기름지거나(크림 소스 등) 소화가 잘 안 되는(페이스트리, 케이크, 치즈버거 등) 음식을 과식하지 않는다 .
- 신 과일 주스, 커피, 알코올은 소화불량을 유발하는 가장 흔한 자극적 음식이므로 가능한 피한다.
- 야식을 삼간다.
- 식사 도중 물이나 음료를 마시면 소화액을 희석시키므로 삼간다(위산 역류가 있다면 물이나 우유가 좋긴 하다).

 부드러운 바나나 & 쌀 푸딩

흰 쌀밥 200g
잘 익은 바나나 2개, 으깬 것
저지방 바닐라 바이오 요구르트 300ml
시나몬 조금

(4인분)

- 모든 재료를 한데 섞는다. 시나몬 가루를 좀더 뿌려 차게 먹거나 따뜻하게 데워 먹는다(이 때 과열하지 않도록 조심한다).

가스 참/속 더부룩함(bloating)

가스 차는 증상은 보통 과식 및 기름진 식사와 관련있지만 장 기능에 문제가 있는 경우에는 비교적 조금만 먹어도 나타날 수 있다. 소화 효소를 충분히 섭취하는 것이 도움이 된다.

침샘, 위, 소장, 간, 췌장에서는 먹은 음식을 소화하기 위해 다양한 소화 효소가 분비된다. 단백질 분해 효소인 프로테아제(protease), 탄수화물 분해 효소인 아밀라아제(amylase), 지방 분해 효소인 리파아제(lipase) 등이 이러한 효소들이다. 그런데 나이가 들면서 이러한 장효소 및 위산 분비가 줄어들어 가스 참, 더부룩함, 속 쓰림부터 과민성 대장 증후군, 흡수 장애(malabsorption)에 이르는 여러 가지 문제들이 나타나게 된다.

가스 차는 증상 체크리스트

- 한 입 한 입 꼭꼭 씹어가며 천천히 먹는다.
- 공기 흡입량 및 가스량을 늘리는 청량 음료, 빨대 사용, 껌, 사탕 빨아 먹기 등을 피한다.
- 만약 2주 이상 증상이 지속되면 의사의 진료를 받는다.

도움이 되는 식품

- 열대 과일을 즐겨 먹는다. 여러 식물성 식품들에 소화 효소가 들어 있는데 특히 파인애플, 키위, 파파야에 풍부하다.
- 칼륨이 들어 있는 과일, 채소, 샐러드, 주스 섭취를 늘린다. 칼륨은 과도한 염분이 몸 밖으로 배출되는

- 과식   • 지나치게 빨리 먹는 습관   • 소화 효소 부족   • 담즙 분비량 감소   • 공기 흡입
- 체액 정체   • 내장이 늘어났거나 기능이 약화됨   • 소화관이 무언가로 막힘

되는 것을 도와 체액 정체 현상을 감소시킨다.

- 마그네슘 섭취를 늘린다. 마그네슘은 염분과 체액 사이의 균형에 중요한 역할을 담당한다. 마그네슘은 생선, 견과류, 씨앗류, 대두, 통 알곡, 진녹색 잎줄기 채소에 풍부하다.

이 밖의 유용한 보충제들

- 민들레는 과도한 체액을 몸 밖으로 배출시키는 데 널리 사용되는 천연 허브 이뇨제다.
- 글로브 아티초크(globe artichoke) 추출물은 담즙 생산 촉진에 효과적이며 담즙 부족으로 가스가 찬 증상을 신속히 누그러뜨리는데 특히 기름진 음식 섭취나 음주 또는 쓸개 제거가 원인일 때 그 효과가 크다.

- 가스 차고 속이 더부룩할 때 페퍼민트, 생강, 회향 차를 마시면 도움이 된다.
- 바이오 요구르트나 생균 효소 박테리아가 함유된 음식을 먹는다.

소화 효소 보충제

소화 효소 보충제는 건강식품 가게에서 구입할 수 있으며 효소 용량이 많을수록 효과적이므로 성분표를 확인한다. 탄수화물을 먹었을 때 가스가 찬다면 아밀라아제(amylase)나 셀룰라아제(cellulose) 같은 탄수화물 분해 효소를 선택한다. 우유를 마셨을 때 문제가 생기는 경우라면 브로멜라인(bromelain: 파인애플에서 추출), 파파인(papaom: 파파야에서 추출), 리파아제(lipase), 락타아제(lactase) 와 같은 우유 소화 효소를 고른다. 또 글루텐 소화 장애에는 글루텐 프로테아제(gluten protease), 셀룰라아제(cellulose), 아밀라아제(amylase)를 함유한 보충제가 도움이 된다.

전반적인 소화 기능을 향상시키려면 리파아제(지방 분해), 아밀라아제(탄수화물 분해), 프로테아제(단백질 분해), 락타아제(젖당 분해), 셀룰라아제(섬유소 분해) 등이 골고루 섞인 것을 고르면 된다.

피해야 하는 식품

- 짠 음식과 콩류, 렌틸, 양파 등 가스 차게 하는 음식을 피한다.
- 젖당 소화 장애(lactose intolerance)가 있다면 무젖당 유제품으로 바꾼다.

속을 편안하게 해 주는 페퍼민트 차

신선한 민트잎 한 줌
끓는 물
따뜻한 유리컵이나 찻주전자에 민트잎을 넣는다. 끓인 물을 붓고 10분 동안 우린다.
컵에 따라 하루 세 번 차거나 뜨거운 상태로 마신다.

차를 마시자…

담석(Gallstones)

담석은 남성보다 여성이 4배 더 많은데 거의 1/5에 가까운 여성에게 담석이 생긴다. 매일 귀리를 먹고 저지방, 고섬유질 식사를 하는 것이 이 흔한 질환에 대처하는 중요한 수단일 수 있다.

담석은 담즙을 저장하는 주머니 모양의 장기인 쓸개에서 생산된다. 담즙은 쓸개에서 생성되며 식이 지방을 작은 덩어리로 분해해 흡수를 용이하게 만드는 녹색을 띤 노랑색의 세제같은 물질이다. 담석은 담즙에 용해되어 있는 성분들이 용액에서 분리되어 고체로 굳어질 때 생긴다. 일부 담석은 담즙 색소나 칼슘염 함량이 높지만 대분은 콜레스테롤로 이루어져 있다.

담석은 보통 동그랗거나 타원형이며 크기는 지름 1mm에서 25mm까지 다양하다. 큰 돌 하나가 생기는 경우도 있지만 많게는 200개 이상 되는 아주 조그만 돌들이 생기는 경우도 있다. 담석 환자들 가운데 단지 1/5에게만 위쪽 복부에 급경련통(colic)과 유사한 통증이 나타나는데 이는 상당히 고통스러울 수 있다.

담석 체크리스트
- 과음하지 않는다.
- 과도한 체중을 감량하고 적정 몸무게를 유지한다.
- 과일과 야채를 매일 5번 이상 먹는다.

무엇이 원인인가? 담석과 관련된 요인들:

- 여성 • 가족력 • 과체중 • 기름진 식사 • 구강 피임약 복용 또는 HRT[1]

1 폐경기 여성의 호르몬 대체 요법

도움이 되는 식품

- 저지방, 고섬유질 식단을 유지한다. 식이 지방은 쓸개를 수축시켜 담석을 담관 입구로 밀어내어 통증을 유발한다(주의 사항: 그러나 올리브유, 유채씨유, 견과유 등 일부 지방은 콜레스테롤 균형에 도움이 되므로 담석 예방에도 효과가 있을 수 있다).
- 오메가-3 생선 기름은 담석에 좋으므로 일주에 2~3번 기름기 많은 생선을 먹는다.
- 오트밀을 먹는다. 펙틴(pectin: 사과, 당근, 살구에 들어 있다)이나 고무진(gum: 귀리 겨, 콩류에 있다)과 같은 가용성 섬유소가 풍부한 식물은 콜레스테롤과 담즙산염(bile salt)를 결합시켜 이들의 재흡수를 줄인다. 오트밀을 매일 한 그릇씩 먹으면 '나쁜' 콜레스테롤 수치를 8~23% 낮출 수 있다. 아침 식사로 포리지나 무설탕 오트밀 뮤즐리, 또는 요구르트에 으깬 귀리를 섞어 먹거나 간식으로 귀리 케이크를 먹는다.
- 신선한 어린 민들레잎을 샐러드에 활용한다. 민들레는 전통적으로 담석 치료에 사용되는 허브이다.
- 충분한 수분 공급 및 담즙 점도가 높아지는 것을 막기 위해 음료수를 많이 마신다. 특히 물과 허브차가 좋다.

유용한 보충제들
- 큰엉겅퀴(milk thistle) 추출물은 담즙 구성에 좋은 영향을 미친다.
- 비타민C 보충제는 콜레스테롤이 담즙에서 분리되어 굳어지는 것을 막음으로써 담석 생성을 방지한다.

🍲 귀리, 사과 & 당근 머핀

으깬 귀리 160g
통밀가루30g
베이킹 파우더 10ml
소금 7.5ml
시나몬 5ml
생강 가루 5ml
오메가-3 강화 달걀 2개
흑설탕 100g
올리브 기름 120ml
당근 100g, 간 것
빨간 사과 1개, 씨를 빼고 간 것
말린 살구 한 줌, 잘게 썬 것

(머핀 12개 분량)

- 오븐을 200℃/400℉로 예열한다.
- 푸드 프로세서에 귀리를 넣고 1분 동안 간다. 간 귀리를 볼에 넣고 밀가루, 베이킹 파우더, 소금, 시나몬, 생강 가루를 첨가해 섞는다.
- 또 다른 볼에 달걀을 거품이 날 때까지 잘 저어준 후 설탕과 기름을 넣어 섞는다. 여기에 위의 혼합 가루를 저어 넣는다. 당근, 사과, 자두를 첨가해 잘 섞는다.
- 머핀판에 머핀컵 12개를 깔고 반죽을 나눠 담는다. 이쑤시개나 나무젓가락으로 찔러 보아 끝이 깨끗할 때까지 20~25분간 굽는다.

변비 & 게실 질환(Costipation & diverticular disease)

변비는 누구에게나 생기기 마련이며 만성 변비가 있는 사람들도 전체 인구의 1/8에 달한다. 음료수를 충분히 마시고 섬유질이 풍부한 식사를 하는 것이 변비에 맞서는 최상의 방법이다.

만약 과민성 대장 증후군이 없는데도 다음의 증상들 가운데 2개 이상이 3달 동안 계속된다면 만성 변비이다. 일주일에 3번 미만의 배변 횟수, 변을 볼 때 안간힘을 써야 함, 덩어리지고 딱딱한 변, 항문이 막힌 듯한 느낌(anorectal obstruction), 배변 후에도 개운치 않음, 배변을 돕기 위해 손을 사용해야 함.

변비는 어린 아이, 노인, 과민성 대장 증후군 환자 및 임산부(황체 호르몬(progesterone)의 평활근 이완 작용이 원인)에게 가장 흔하다. 변비가 있거나 배변시 힘을 많이 주게 되면 치질(haemorrhoid) 및 게실 질환(diverticular disease)이 생길 수 있는데 이는 결장 내벽에 가해지는 압력이 증가해 결장을 덮고 있는 근육이 파열되면서 발생한다.

유용한 보충제들

- 천연 증량제(bulking agent: 겨, 실리엄(psyllium)/이스퍼굴러(ispaghula), 스터큘리아(sterculia) 등를 충분한 물과 함께 복용하면 배변 횟수를 늘리는 데 도움이 된다.
- 마그네슘 보충제(알약 또는 따뜻한 물에 황산 마그네슘(Epsom salt)을 녹인 형태)는 효과적인 완화제[1] 이다. 다음날 아침에 효과를 볼 수 있도록 밤에 복용한다.
- 버진 올리브 기름, 홍화 기름, 호두 기름, 참기름 등 냉압착유가 변비에 좋은데, 매일 밤 1~2 티스푼씩 먹는다.
- 당밀은 효과적이면서도 안전한 완화제이다. 매일 1~2티스푼씩 먹는다.
- 생균 보충제(젖산균, 비피더스균 등)는 장 기능을 활성화한다.
- 알로에 베라 주스에는 장을 깨끗하게 하고 진정시키는 기능이 있다(임신 및 모유 수유 중에는 삼간다).

---

1 배변을 쉽게 하는 약, 음식, 음료

무엇이 원인인가? 변비와 관련된 요인들:

- 연령 • 임신 • 섬유질이 부족한 식사 • 수분 부족 • 운동 부족 • 골반 근육 탄력성 부족
- 과민성 대장 증후군 • 탈장(hernia) • 약(특히, 아편이 함유된 진통제) • 갑상선 활동 약화
- 복부 종양(큰 난소 낭종, 유섬유종 등) • 장폐색(bowel obstruction)

변비를 유발할 수 있는 약품들

- 진통제(특히, 인산코데인(codeine phosphate))
- 제산제(특히, 알루미늄을 원료로 한 것)
- 트리시클릭 항우울제(아미트리프탈린(amitriptyline) 등)
- 칼슘 길항제(니페디핀(nifedipine) 등)
- 철분 성분
- 스테로이드
- 완화제 과다 사용(완화제에 대한 장 반응 둔화)

알고 있었나요

'물갈이'와 변비가 상관있다는 말은 어느 정도 일리가 있다. 칼슘과 마그네슘 함량이 높은 경수 지역에서 이와 같은 미네랄(연동 운동에 필요한) 함량이 적은 연수 지역으로 옮겨 오면 적응이 힘들 수 있다.

섬유질 섭취를 늘리기 위해 흰 빵보다는 통밀빵을 선택하자.

이렇게 되면, 작고 볼록한 주머니(diverticulae; 게실)가 형성되는데 이에 따라 변비가 악화되고(근육 수축을 방해하므로) 그 부위가 감염되어 염증이 생기며 통증이 수반될 수 있다(diverticulitis; 게실염). 50~60대 연령의 약 1/3이 게실 질환이 있는 것으로 추정되며 연령이 증가함에 따라 훨씬 더 흔해진다.

무화과에는 식이 섬유가 풍부하다.

도움이 되는 식품

섬유질은 음식의 소화 및 흡수를 돕고, 박테리아 간 균형을 도모하며 연동운동(근육이 물결처럼 움직여 소화된 음식을 장으로 이동시키는 운동)을 촉진하는데 중요한 역할을 하는 덩어리(bulk)를 공급해 준다. 따라서 충분한 섬유질 섭취가 중요하다.

섬유질 공급원

섬유질 섭취량이 갑자기 증가해 가스가 차거나 속이 더부룩해지지 않도록 조금씩 늘린다. 흰 빵보다는 통밀빵, 현미, 통밀 파스타, 통 알곡 시리얼, 귀

리, 통호밀, 메밀, 수수, 뮤즐리나 포리지 등 아침 식사용 무설탕 통알곡 시리얼을 선택한다.

- 견과류, 무화과, 대추, 살구, 자두, 콩류, 샐러드 및 여타 신선한 과일과 채소를 많이 먹는다. 물이나 찬 찻물에 자두 5~6개를 밤새 담가놓았다가 바이오 요구르트와 함께 아침 식사로 먹어도 좋다.
- 해바라기씨, 호박씨, 호로파씨(fenugreek), 회향씨, 아마씨 등의 씨앗류를 샐러드나 요구르트에 첨가하면 섬유질을 추가로 섭취할 수 있다.
- 충분한 수분 섭취를 위해 음료를 많이 마시는 것이 필수적이다. 즉석에서 짠 신선한 과일 주스(망고, 사과 등), 당근 주스, 물을 많이 마신다.

생균 음료수나 바이오 요구르트는 소화 박테리아들이 균형을 이루는데 큰 도움이 된다.

피해야 하는 음식

- 몸에 이로운 섬유질을 제거한 가공된 '흰' 밀가루, 빵, 파스타, 쌀을 피한다.

🍲 바나나와 대추를 넣은 귀리 쿠키

으깬 귀리 125g
대추 125g, 잘게 썬 것(또는 잘게 썬 무화과, 살구, 건포도, 설태나 건포도(sultana))
코코넛 채썬 것 75g
아몬드 간 것 50g
잘게 썬 혼합 견과류 40g
소금 2.5ml
시나몬 5ml
올스파이스(allspice) 2.5ml
잘 익은 바나나 큰 것 3개, 으깬 것
삼씨 또는 유채씨 기름 60ml
바닐라 농축액 5ml

(쿠키 12개 분량)

- 오븐을 175℃/350℉로 예열하고, 베이킹 판에 유산지를 깐다.
- 말린 과일을 포함해 마른 재료를 한데 넣고 과일이 서로 뭉치지 않도록 잘 섞는다.
- 다른 볼에 으깬 바나나, 기름, 바닐라 농축액을 넣고 섞는다. 여기에 위의 혼합물을 넣고 고루 섞는다.
- 베이킹 판에 쿠킹 링[1] 이나 페이스트리 커터를 놓고, 그 속에 반죽을 수저로 눌러가며 담는데 원하는 쿠키 두께가 되도록 적당히 조절한다. 이 과정을 반복한다. 20분 동안, 또는 쿠키 가장자리가 노릇노릇해질 때까지 굽는다. 약간 식을 때까지 베이킹 판에 그대로 놓아 두었다가 쿨링 랙(cooling rack)으로 옮긴다.

---

1 쿠키 만들 때 쓰는 틀인 쿠키 커터와 비슷함

질병을 예방하고 치료하는 음식

식품 알레르기 & 과민증(Food allergy & intolerance)

공식 통계에 따르면 성인의 2%, 아동의 최대 8%가 생명에 위협이 될 수도 있는 전형적인 식품 알레르기를 가지고 있으며 3명 가운데 1명은 식품 과민증으로 고생하고 있는 것으로 추정된다. 문제를 일으키는 음식이 무엇인지 알아내는 것이 예방에 필수적이다.

전형적인 알레르기 반응을 일으키는 식품들은 IgE로 알려진 일종의 항체와 관련있다. IgE는 피부, 장기, 기도에 있는 면역 세포와 상호작용하여 히스타민과 같은 강력한 화학 물질을 분비시킨다. 이것은 어떤 사람들에게는 생명을 위협할 정도로 심각한 아나필락시 반응(anaphylactic reaction)을 유발하는데 혈압이 내려가고 기도가 막히며 얼굴과 혀가 붓고 의식을 잃을 수 있다. 이러한 증상들은 보통 알레르기 유발 식품을 먹은지 몇 분 내 짧은 시간에 나타난다.

알레르기를 흔히 유발하는 식품들

IgE와 관련된 '전형적' 식품 알레르기를 유발할 수 있는 식품들은 다음과 같다:

- 달걀
- 우유(소)
- 땅콩
- 나무 견과류[1]
- 조개류
- 생선
- 밀
- 대두(soy)
- 소고기
- 닭고기
- 감귤류
- 토마토

---

1 땅콩이나 해바라기씨, 참깨 등 씨앗류가 아닌 나무에 나는 견과류로 호두, 아몬드, 헤이즐넛, 캐슈, 피스타치오, 브라질 호두 등을 포함한다.

무엇이 원인인가? 식품 알레르기 & 과민증과 관련된 요인들:
• 가족력 • 조기 이유 • 환경적 요인 • 항생제 • 너무 청결한 생활습관 때문에 장내 기생충과 박테리아가 감소하여 면역 체계가 약화될 가능성이 있다.

식품 알레르기 체크리스트
• 식품 알레르기 증상이 있는 것 같으면 전문 의료진의 도움을 구한다.
• 식품 알레르기 반응으로 생명이 위급하게 될 경우를 대비해 항히스타민과 아드레날린 인젝션(애너펜(Anapen)이나 에피펜(Epipen) 등: 의사와 상의한다)을 항상 가지고 다닌다. 이것들은 의료 전문인이 도착하기 전 응급 처치에 유용하다.
• 아기가 있으면 최소한 4~6개월간은 모유 수유한다. 모유 수유는 알레르기에 대한 아기의 저항력을 높여 준다.

모유 수유는 아기의 알레르기에 대한 저항력을 높여 준다.

이에 반해 식품 과민증과 관련된 증상들은 보통 반응이 훨씬 늦는데 문제의 음식을 먹은지 몇 시간 후 또는 심지어 며칠 후에 나타난다. 이렇게 면역 반응이 지연되는 이유는 다른 종류의 항체(IgG 등)가 관여하는 또 다른 면역 메커니즘, 면역 복합체, 비정상적 면역 세포 반응이 원인인 것으로 추정된다. 전형적인 식품 알레르기에 비해 식품 과민증이 덜 심각한 문제이긴 하

달걀은 흔히 식품 알레르기를 유발하는 식품이다.

알고 있었나요?

특정 식품에 대한 IgG 항체 증가량을 알아보는 식품 과민성 테스트는 시간이 많이 걸리는 제한 식이요법(elimination diet)이나 챌런지 식이요법(challenge diet)을 하지 않고도 자신이 어떤 음식에 과민한지 확인할 수 있는 좋은 방법이다.

지만 그럼에 도 불구하고 콧물, 카타르(catarrh)[1], 피로감에서부터 과민성 대장 증후군, 관절통, 두통, 천식, 습진, 건선 , 크론병, 궤양성 대장염(ulcerative colitis) 등 염증성 질환에 이르기까지 상당히 고통스러운 증상들이 동반된다. 식품 과민증을 좀더 세분화하면 다음과 같다.

• 젖당 과민증 : 락타아제 효소(lactase: 유당 분해 효소)가 충분하지 않아 우유의 젖당을 소화시키지 못하는 증상으로 가스 참, 복통, 설사 동반
• 글루텐 과민증 : 밀과 다른 몇몇 곡물에 들어 있는 단백질(gliadin)에 과민해 가스 참, 복통, 단단하고 울퉁불퉁한 변, 체중 감량 등이 나타나는 자가면역 증상(201페이지, 만성 소화 장애 참조)

---

1 감기 등으로 코와 목 점막에 생기는 염증

- 음식 과민증(food hypersensitivity) : 특정 음식을 먹었을 때 가려우면서 넓게 퍼지는 피부 발진(두드러기), 습진, 천식, 구통, 복통, 설사 등이 나타나는 증상. 이 중 일부는 참치(스콤브로이드 중독: scombroid poisoning), 딸기, 발효 식품, 토마토, 치즈, 가지, 감귤류 등의 천연 히스타민 수치가 높은 음식이 원인이다.
- 약품과 유사한 반응 : 일부 음식에 들어 있는 모노소디움(monosodium), 글루타민산염 (glutamate), 황산염(sulphite), 살리실산염(salicylate), 벤조산염(benzoate), 타르트라진(tartrazine), 티라민(tyramine) 등의 화학 물질이 천식이나 편두통같은 증상을 유발하는 것

지나친 청결과 항생제 남용이 보조 T면역 세포(T-helper immune cells)로 하여금 본연의 항감염성 반응 대신 알레르기성 과민 반응을 일으킨다는 이론도 주목받고 있다.

도움이 되는 식품

제한 식이요법을 할 때 사라졌던 증상들이 그 음식(눈에 잘 띄지 않게 들어간 경우를 포함)을 먹기 시작했을 때 재발하면 그 음식에 과민증이 있는 것으로 진단한다. 제한 식이요법에는 다음과 같은 종류가 있다:

- 한 가지 식품만 제외 : 달걀 등 한 종류 식품만 제외
- 몇 가지 식품 제외 : 특정 증상과 연관된 몇 종류 식품을 제외
- 엄격한 제한 식이요법 : 음식 섭취를 엄격히 제한하는 식이요법. 예를 들어 오직 한 종류의 육류(양, 칠면조, 사냥감 고기 등), 한 종류의 탄수화물(쌀,

타피오카 등), 과일 한 종류(배, 배 주스, 크랜베리 등), 몇 종류 채소(호박, 당근, 파스닙, 상추, 렌틸, 말린 완두(split peas) 등), 생수, 광천수 또는 증류수 만으로 식단을 구성한다.

증상이 사라질 때까지(보통 10~21일 사이) 제한 식이요법을 실시한 후 어떤 음식이 증상을 유발했는지 찾기 위해 제외시켰던 음식들을 3~4일 정도 간격으로 한 가지씩 다시 먹기 시작한다. 이 때 어떤 음식이 문제를 일으키는지 찾기 위해 음식 및 증상 일기를 자세히 기록하는 것이 중요하다. 만약 특정 음식에 거부 반응이 나타나면 그 음식을 다시 제외시킨 후 이 증상이 사라질 때까지 48시간을 기다렸다가 다시 다른 음식을 테스트한다.

　제한 식이요법으로 증상이 눈에 띄게 호전되지 않는다면 원래의 식단으로 돌아가는 것이 중요한데 영양 결핍을 막기 위해 가능한 많은 종류의 음식을 골고루 먹어야 한다. 그러나 알레르기 증상을 유발하는 몇 가지 음식을 발견해 이들을 식단에서 제외시키는 경우에도 전반적인 영양 상태에 영향을 미치는 일은 별로 없다.

피해야 하는 식품

알레르기 증상과 관련된 것으로 확인된 음식은 모두 피한다. 전체 식품 알레르기 유발 요인 중 90%를 차지하는 8가지 식품은 달걀, 땅콩, 우유, 밀, 대두,

나무 견과류(호두, 브라질 호두, 캐슈 등), 생선, 조개류이다. 이외에 키위, 파파야, 참깨, 유채씨, 파피씨, 실리엄(psyllium) 등 역시 그 증상은 덜하지만 알레르기와 연관성이 높은 식품들이다.

 ## 양고기 & 배 타진(Tagine)[1]

올리브 기름 30ml
베이비 샬롯16개, 껍질 벗긴 것
양 살코기 500g, 깍뚝 썬 것
생강 가루 5ml
시나몬 가루 5ml
사프란 5ml
새로 간 신선한 후추
배 단단한 것으로 4개, 씨 부분을 도려내고 각각 4등분한 것(껍질채 사용)
물

(4인분)

- 커다란 팬이나 캐서롤 그릇에 기름을 넣고 가열한 후 샬롯을 연한 갈색이 날 때까지 볶는다. 여기에 양고기를 넣고 갈색이 될 때까지 볶는다.
- 재료가 잠길 정도로 물을 넉넉히 붓고 생강 가루, 시나몬 가루, 사프란, 후추를 첨가한다. 뚜껑을 덮고 이것을 약한 불에서 1시간 동안 끓인다.
- 배를 넣고 배가 물러질 때까지(20~30분) 계속 끓인다. 밥과 함께 먹는다.

---

1 양념한 고기와 야채를 타진 냄비에 천천히 익혀 만든 북아프리카 스튜 요리

만성 소화 장애(Coeliac disease)

100명중 1명이 글루텐-과민성 장질환이라고도 불리는 만성 소화 장애가 있는 것으로 추정되는데, 이 질환을 갖고 있으면서도 진단되지 않은 사람들이 8명 중 7명이다. 글루텐 프리(gluten-free) 식이요법만이 점점 증가 추세인 이 질환에 대처하는 방법이다.

만성 소화 장애는 소장에 발생하는 자가면역성 염증 질환으로 밀에 있는 글루텐 단백질의 일종인 글리아딘(gliadin)에 대한 반응으로 나타난다. 만성 소화 장애가 있으면 글리아딘이 항근내막 항체(anti- endomysial antibodies)를 생성하는 면역 반응을 유발하게 되는데 이는 소장 내벽을 손상시킨다. 그 결과 공장(jejunum) 아래쪽 내벽이 평평하게 되어 영양분 흡수에 차질이 생긴다. 만성 소화 장애가 있는데도 글루텐을 계속 섭취하면 속 더부룩함, 가스참, 복통, 단단하고 울퉁불퉁한 변, 영양소 흡수 장애, 체중 감량 등의 증상이 나타난다.

글루텐 섭취가 장 이외의 다른 부분에 영향을 미치는 경우에는 이를 비복강성(non-coeliac) 글루텐 과민증(NCGS)이라고 한다. NCGS에 대해서는 덜 알려져 있는데 최소한 10명 가운데 1명이 갖고 있을 것으로 추정되며 피로감, 잦은 구강 궤염, 피부 발진, 두통, 관절통 등의 증상이 나타난다.

알고 있었나요?

글루텐은 빵 반죽에 탄성이 생기도록 하는 단백질이다.

무엇이 원인인가? 만성 소화 장애와 관련된 요인들:

- 가족력 • 장염 경력(로터바이러스(rotavirus) 등) • 조기 이유
- 1형 당뇨병을 비롯한 자가 면역 질환 • 궤양성 대장염 • 자가 면역 갑상선 질환

곡물	글루텐 종류
밀	글리아딘(gliadin)
호밀	세칼린(secalin)
보리	호르데인(hordein)
귀리	아베닌(avenin)
옥수수	제인(zein)

만성 소화 장애 체크리스트

- 만약 글루텐 과민증이 있는 것 같으면, 의사의 진료를 받고 혈액 검사를 통해 확인한다.
- 평생 엄격한 글루텐 프리 식이요법을 한다.
- 글루텐 성분이 눈에 잘 안 띄게 포함되어 있지는 않은 지 식품 성분표를 꼼꼼히 확인한다.
- 약 성분 중 염려되는 것이 있으면 약사와 상담한다(의 약품에 밀 녹말이 첨가되기도 하는데 이는 의약 품질 (pharmaceutical quality)과 관련된 것으로 글루텐 프리로 간주된다).
- 글루텐 프리 식이요법을 하는데도 장이나 피부에 과민 증상이 나타난다면 글루텐 프리 화장품을 사용한다(글 루텐은 피부로 흡수되지는 않지만 립스틱이나 파운데 이션에 들어있는 글루텐을 소량 먹게 될 수 있다).

좋아하는 음식의
글루텐 프리 형태를 찾아보자.

밀 글루아딘 형태의 글루텐에 민감한 사람들은 보통 다른 곡물에 들어 있는 글루텐에도 민감한데 이는 이들이 모두 유사한 아미노산 체인을 갖고 있기 때문이다. 만성 소화 장애가 있는 사람들이 호밀과 보리에 과민 반응을 보이는 것은 비교적 흔한 일이지만 귀리 글루텐에 과민 반응을 보이는 일은 비교적 드물다. 또 옥수수는 일반적으로 문제를 일으키지 않는다.

도움이 되는 식품

혈액 검사를 통해 의사가 만성 소화 장애라고 진단한 경우 엄격한 글루텐/글루아딘 프리 식이요법을 지속하면 장벽에 생긴 염증이 사라지고 장 기능이 정상적으로 회복된다. 글루텐 프리 식이요법을 해도 다음과 같은 영양가 풍부한 식품들을 다양하게 섭취할 수 있다.

- 과일, 채소, 샐러드
- 콩류, 렌틸
- 견과류와 씨앗류
- 가공 처리되지 않은 육류, 가금류, 내장
- 생선(빵가루 등을 묻히지 않은)
- 달걀, 치즈, 우유, 요구르트(단, 뮤에즐리 요구르트는 제외)
- 쌀, 타피오카, 사고(sago), 애로루트(arrowroot), 메밀, 수수, 삼씨, 테프(teff), 아마란스(amaranth, 아래 참조), 옥수수, 옥수수 가루
- 글루텐이 들어 있지 않은 빵, 얇은 비스킷(crispbread, biscuit)[1], 케이크, 아

---

1 밀이나 귀리를 재료로 써서 바삭하게 구운 비스킷으로 흔히 치즈와 함께 먹거나 빵 대신 먹음

침 식사용 시리얼, 파스타

- 글루텐이 들어 있지 않은 밀가루, 콩 가루, 감자 가루, 쌀 가루, 녹두 가루
- 설탕, 잼, 마멀레이드, 꿀, 젤리
- 허브, 향신료, 겨자, 식초, 소금, 후추
- 우유, 크림, 버터, 마가린, 기름
- 차, 커피, 과일 주스
- 와인, 보리로 만들지 않은 맥주, 증류주

테프(teff)는 고대부터 사용되어온 글루텐 프리 곡물로 갈색과 흰 색 두 종류가 있으며 낟알이 너무 작아 도정이 쉽지 않기 때문에 두 가지 모두 통 알곡이다. 테프 겨에는 다른 어떤 곡물보다 섬유소가 풍부하며 배아는 영양소가 풍부할 뿐더러 밀과 보리보다 17배나 많은 칼슘 등 미네랄 함량도 높다.

글루텐이 들어 있지 않은 가루, 콩가루,
감자 가루를 활용하자…

알고 있었나요?

밀에 들어 있는 다른 단백질(글루아딘이 아닌)에 과민증이 있으면 과민성 대장 증후군과 비슷한 증상이 나타날 수 있다. 이 경우에는 항근 내막 항체가 만들어지지 않기 때문에 만성 소화 장애로 분류되지 않는다.

람들에게는 그럴 수 있다) 일반적으로 과민 반응을 적게 일으키는 바나나, 베리류, 귀리를 먹는다.

- 정제되지 않은 복합 탄수화물 섭취를 늘린다. 밀이 증상을 악화시키지 않는다면 통밀빵, 통밀 파스타, 현미, 무에즐리나 포리지 같은 아침 식사용 무설탕 통밀 시리얼을 먹는다. 밀 대신에 메밀(이름과는 달리, 대황과(rhubarb)에 속하는 글루텐 프리 곡물이다), 삼씨, 현미, 쌀(카마르그(Camargue)나 부탄(Bhutan)) , 와일드라이스(wild rice)[1], 옥수수, 대두, 아마란스, 테프(201 페이지, 만성 소화 장애 참조), 퀴노아, 그램(gram)/ 병아리콩 가루, 수수, 타피오카를 먹을 수 있다.
- 허브를 사용한다. 아니스씨(aniseed), 캐모마일, 레몬 밤(lemon balm), 정향, 딜, 회향, 후추, 마조람(majoram), 파슬리, 페퍼민트, 로즈메리, 페퍼민트 등의 허브와 향신료는 장 경련 및 가스 차는 증상을 완화시킬 수 있다. 요리에 첨가하거나 고명으로 신선한 허브를 활용하거나(말린 것보다는 신선한 것이 좋다), 허브차로 즐기면 속을 달래 준다.
- 생선 섭취를 늘리는데, 과민성 대장 증후군이 있는 사람들은 보통 필수 지방산 섭취가 부족하므로 특히 기름기 많은 생선이 좋다.
- 유산균 바이오 요구르트는 몸에 이로운 장 박테리아를 늘려준다.

많은 양의 세 끼 식사보다, 하루에 여러 번으로 나누어 조금씩 먹는 편이 소화에 좋다. 그러나 이렇게 하기 어려울 때는 '아침은 왕처럼, 점심은 귀족처럼, 저녁은 가난뱅이처럼 먹어라'라는 오래된 격언을 최대한 따른다.

---

1 이름과는 달리, 쌀이 아니라 수초로 영양소가 풍부하다

피해야 하는 음식

밀, 글루텐, 젖당, 이스트, 인공 감미료를 제외한 식이요법을 하면 많은 경우 증상이 호전된다. 애든브루크식 제한 식이요법(Addenbrooke's exclusion diet)은 과민성 대장 증후군과 가장 흔히 연관되는 식품들을 제외시키는 방법으로 이에 해당하는 식품들은 아래 표와 같다.

먹어도 되는 음식	먹으면 안 되는 음식
육류	쌀을 제외한 모든 곡물류
생선	모든 유제품
감귤류를 제외한 모든 과일	달걀
콩 제품	이스트
감자, 스위트콘, 양파를 제외한 모든 채소	카페인

몇몇 허브는 장 경련을 완화시키고 가스를 줄여 준다.

도움이 되는 식품

몇몇 종류의 비피도필러스(Bifidophilus) 생균 박테리아(비피더스균(Bifido-bacterium), 애시도필러스(Acidophilus))는 궤양성 대장염의 재발을 방지하고 증상을 완화시킨다. 유산균 바이오 요구르트에 함유된 이러한 생균 박테리아들에는 짧은사슬 지방산(short-chain fatty acid)인 낙산염(butyrate)이 들어 있는데 이들은 장 내벽 세포(콜로노사이트: colonocyte)에 에너지를 공급해 준다. 이 낙산염의 비정상적 신진대사가 궤양성 대장염의 원인 중 하나일 수 있으며 생균 박테리아는 낙산염 수치 유지에 도움이 되므로 유산균 바이오 요구르트(또는 생균제 함유 음료수)를 마시면 좋다.

장에 있는 황 복합체의 활동으로 낙산염이 감소되므로 황이 풍부한 식품은 궤양성 대장염 증상을 악화시킬 수 있다.

피해야 하는 식품

모든 환자들에게 증상을 유발하는 식품은 없다. 따라서 자신에게 문제가 되는 음식을 찾아내고 이를 피하는 일이 중요하다. 어떤 사람들은 유제품이나 밀로 만든 식품에 민감하거나 글루텐-프리 식이요법이 효과적이라는 것을 발견한다. 또 어떤 사람들은 붉은색 육류나 가공 처리된 육류, 단백질, 알코올 섭취량이 많아지면 증상이 악화된다는 것을 알게 된다.

특별히 아황산염(방부제로 첨가되는)이나 카페인이 들어 있는 식품들이 증상을 유발하는 것으로 추정된다. 일부 황 복합체(황화 수소(hydrogen sulphide) 등)는 장 내벽을 손상시키고 궤양성 대장염과 유사한 증상을 유발한다. 보통 장에는 이러한 황 성분 해독 기능이 있지만 궤양성 대장염이 있으

유용한 보충제들

- 종합 비타민과 미네랄은 영양 결핍을 방지해 준다. 궤양성 대장염 환자들은 리보플라빈(riboflavin(B2)), 엽산(folate), 베타크로틴(beta-carotene), 비타민 B12, 칼슘, 인(phosphorus), 마그네슘, 셀렌, 아연, 비타민D가 부족한 경우가 많다.
- 귀리 겨와 실리엄 씨(psyllium seeds)에 함유된 섬유질은 장에 있는 이로운 생균 박테리아 수치를 높인다.
- 오메가-3 생선 기름(일일 섭취량 EPA 3.2g과 DHA 2.4g)은 증상 완화에 상당한 효과가 있는 것으로 밝혀졌다.
- 알로에 베라 젤에는 치료를 촉진하는 다당류(poly-saccharide)와 애스마난(acemannan)이 함유되어 있다(임신이나 모유 수유 중에는 피한다).
- 유향(frankincense)에는 염증을 완화시키는 유향산이 들어 있다. 아유르베다 치료법[1] 의 본고장인 인도에서는 궤양성 대장염 치료에 유향을 사용하는데 인도에서 진행된 연구들에 따르면 유향이 70~82%에 달하는 치료 효과가 있다고 한다.
- 향기로운 허브인 호로파(fenugreek)도 아유르베다 의학에서 궤양성 대장염 치료에 활용된다.
- N-아세틸 글루코사민(N-acetyl glucosamine, 하루에 3번 1g씩)은 일부 염증성 장 질환에 치료 효과가 뛰어나다(글루코사민 황산염에는 황이 들어 있으므로 피해야 한다).
- 4주에 걸친 위트그래스(wheatgrass) 주스 실험 결과, 궤양성 대장염 치료에 효과적인 것으로 나타났다.
- 데빌스 클로(Devil's claw) 추출물은 전통적으로 사용되어 온 궤양성 대장염 치료제이다.

---

1 식이 요법, 약재 사용, 호흡 요법 등을 활용하는 인도 전통 의술

오메가-3 생선 기름은
증상 완화에 상당한 효과가 있다.

질병을 예방하고 치료하는 음식

면 장의 황 복합체 수치가 상승하는 것으로 보아 이런 기능이 약화되는 것으로 추정된다.

다음과 같은 E 220에서 E 229사이의 식품 첨가물에는 아황산염이 포함되어 있으므로 피한다:

- E 220 아황산(sulphur dioxide)
- E 221 아황산 나트륨(sodium sulphite)
- E 222 아황산 수소나트륨(sodium bisulphite/sodium hydrogen sulphite)
- E 223 메타중아황산 나트륨(sodium metabisulphite)
- E224 메타중아황산 칼륨(potassium metabisuplphite)
- E225 황화 칼륨(potassium sulphite)
- E226 아황산 칼슘(calcium sulphite)
- E227 황화 수소 칼슘(calcium hydrogen sulphite)
- E228 황화 수소 칼륨(potassium hydrogen sulphite)

참고 : 식품 성분표에 'sulphur/sulphites'가 'sulfur/sulfites'로 표기될 수도 있다.

토마토-오렌지 살사(Salsa)[1]를 얹은 대구 구이

대구 150g짜리 4토막
방울 토마토 500g, 반으로 가른 것
오렌지 큰 것 1개, 즙과 얇게 썬 껍질
파 2대, 송송 썬 것
신선한 바질잎 5ml, 다진 것
새로 간 신선한 후추

(4인분)

- 오븐을 190℃/375℉로 예열한다.
- 깊이가 얕은 베이킹 용기에 대구를 가지런히 놓는다. 남은 재료를 한데 섞어 대구 위에 얹는다.
- 10분 정도, 또는 대구가 다 익을 때까지 굽는다.

---

1 매콤한 맛을 내는 소스

만성장염병(Crohn's disease)

크론병은 만성 염증 장 질환이다. 15세에서 30사이 또는 60세 이상에 많이 나타나지만 어느 연령이건 생길 수 있는 질환이다. 크론병을 위해 특별히 고안된 식이요법을 실시하면 증상 조절에 도움이 된다.

크론병은 장 벽의 일부가 두꺼워지고 갈라지며 궤양이 생기면서 발생한다. 일반적으로 소장 끝 부분(말단 회장; terminal ileum)에 나타나지만 입에서 항문에 이르는 장 어느 부위에나 생길 수 있다. 비교적 경미한 종류부터 심각한 종류에 이르기까지 증상이 다양하며 복통, 열, 설사(혈변일 수도 있음), 식욕 감퇴, 무기력, 체중 감소, 건강이 안 좋게 느껴지는 등의 증상이 나타난다.

영양분이 제대로 흡수되지 않고 장의 염증으로 인한 출혈이 장기화되어 빈혈이 나타날 수도 있다. 눈, 일부 관절, 척추(강직성 척추염; ankylosing spondylitis), 피부 등 몸의 다른 부위로 염증이 번질 수도 있는데 피부의 경우에는 습진과 유사한 발진이 나타난다.

여러 해에 걸쳐 증상들이 나타났다 사라지기를 반복하는 경향이 있으며 조금씩 호전되기도 한다. 크론병에는 비정상적 면역 반응이 관련되는데 이는 식품 성분에 대한 반

크론병 체크리스트

- 장기적으로 피해야 할 음식을 찾기 위해 음식 및 증상 일기를 쓴다.
- 급하게 식사하지 말고 시간을 들여 꼭꼭 씹어 먹는다.
- 금연한다. 흡연은 크론병을 악화시키는데 증상이 더 자주 나타나며 심해진다.
- 스트레스는 증상을 악화시킬 수 있으므로 명상, 요가 등 이완 요법(relaxation technique)을 배운다.
- 침을 맞아 본다. 침술은 경미하거나 심하지 않은 크론병 치료에 효과적인 것으로 알려져 있다.

무엇이 원인인가? 크론병과 관련된 요인들:
- 가족력   • 규명되지 않은 감염   • 비정상적 면역 반응   • 스트레스   • 흡연

먹으면 안 되는 식품	먹어도 되는 식품
돼지고기	돼지고기 이외의 살코기와 가금류
튀김옷을 입히거나 기름에 튀기거나 토마토와 함께 요리한 생선	이외의 생선과 조개류
우유(소, 염소, 양)와 유제품	대두(soy) 제품
밀, 호밀, 보리, 수수, 메밀, 옥수수, 귀리	쌀, 떡, 쌀 우유, 쌀로 만든 시리얼
이스트	타피오카, 사고(sago)
콩류(pulses), 양파, 토마토, 쉬위트콘	이외에, 감자(껍질 제외)를 포함한 모든 야채
감귤류, 사과, 바나나 ,말린 과일	이외의 모든 과일(껍질 제외)
견과류와 씨앗류	과일차와 허브차
차, 커피, 알코올, 스쿼시, 콜라	물

응이거나 아직 규명되지 않은 박테리아, 바이러스, 또는 기생충 감염에 대한 반응일 수 있다. 크론병은 전염성이 없다.

떡/쌀과자는 로플렉스 식이요법(LOFFLEX diet)을 하면서도 즐길 수 있는 음식이다.

유용한 보충제들

- 크론병은 영양 결핍과 관련이 있으므로 종합 비타민과 미네랄 보충제를 복용한다.
- 생균 보충제는 장에 있는 박테리아(일부 비피더필러스(Bifidophilus) 생균 종류 – 비피더스균(Bifidobacterium)과 애시도필러스균(Acidophilus) – 는 크론병의 증상 악화를 방지하고 치료를 돕는다) 간의 균형에 도움이 된다.
- 일부 연구 결과에 따르면 오메가-3 생선 기름은 장염을 줄이고 증상의 재발을 방지한다.
- 글루코사민 보충제를 6주간 복용한 결과 증상이 개선되었다.
- 유향은 보즈웰릭 산(Boswellic acid)을 함유한 나뭇진으로 소염 기능이 있다. 8주에 걸친 실험 결과, 보즈웰리아 세레이트(boswellia serrate) 추출액이 메살라진(mesalazine) 약품과 비슷한 정도로 크론병 활성 지수를 낮춘 것으로 나타났다.
- 파인애플 식물 추출물인 브로멜라인(bromelain)을 크론병 환자의 대장 세포에 실험한 결과, 염증성 사이토카인(cytokines)을 줄이는 것으로 나타났다.
- 강황에서 추출한 항산화 물질인 커큐민(curcumin)에는 소염 기능이 있으며 크론병 환자들에게 도움이 되는 것으로 보인다.
- 데빌스 클로(Devil's claw) 추출물에는 진통 성분이 들어 있으며 전통적으로 염증성 장 질환에 사용된다.
- 알로에 베라 주스는 장을 진정시키고 깨끗하게 해 준다. 완화제 성분을 피하기 위해 알로인-프리 제품을 선택한다(임신이나 모유 수유 중에는 피한다).

알로에 베라 주스는 장을 진정시키고
깨끗하게 해 준다.

도움이 되는 식품

크론병을 위해 고안된 로플렉스 (LOFFLEX) 식이요법(섬유질이 적고 지방을 제한)은 장 전문가들이 크론 병 증상을 최대한 악화시키지 않는 식품들을 선별해 만든 것이다(220페이지 표 참조). 이 식이요법은 하루에 지방은 약 50g, 섬유질은 10g으로 섭취

량을 제한하고, 증상의 재발/악화와 관련된 음식들을 제외시킨다. 한 연구에서는 로플렉스(LOFFLEX) 식이요법을 한 사람들 가운데 절반 이상이 2년 이상 증상이 재발되지 않았다.

로플렉스(LOFFLEX) 식이요법을 2주 동안 시행한 후 한 번에 한 가지씩 4일 간격으로 새로운 '테스트' 음식을 먹는데 증상이 재발되지 않는한 이렇게 계속한다. 밀 제품은 보통 증상이 나타나기까지 시간이 걸리므로, 7일간 시험해 본다.

만약 어떤 음식이 부작용을 일으키면 다시 제외시킨 후, 다음 음식을 테스트하기 전에 이로 인한 증상이 모두 사라질 때까지 기다린다. 아무런 부작용이 없는 경우에는 4일 간격으로 계속해서 다른 음식을 테스트한다. 이렇게 제외시켰다가 다시 먹으면서 테스트해 보는 음식 순서는 다음과 같다. 돼지고기, 귀리, 차, 호밀, 달걀, 양파, 커피, 이스트, 바나나, 사과, 우유, 버터/마가린, 화이트 와인, 콩, 초콜릿, 토마토, 치즈, 옥수수, 감귤류, 밀, 빵, 요구르트, 견과류, 스위트콘.

이 식이요법은 먹어도 되는 음식들을 다양하게 섭취하면서 2주~4주 이내에 '테스트' 식품을 다시 먹기 시작하면 영양적으로 균형잡힌 식단이 될 수

있다. 만약 증상을 악화시키는 음식들이 많아 이들을 모두 제외시켜야 한다면 전문가의 조언을 구해야 한다(식단에 큰 변화를 줄 때는 영양 결핍을 방지하기 위해 항상 전문 영양사의 지시를 따르는 것이 최선의 방법이다).

피해야 하는 음식

증상을 악화시키는 식품을 모두 피하며(어떤 한 식품이 모든 사람들에게 증상을 유발하는 일은 없다) 로플랙스(LOFFLEX) 표의 먹으면 안 되는 식품들도 제외시킨다.

식품 알레르기(195 페이지 참조)와 과민성 대장 증후군(207 페이지 참조)과 마찬가지로 특정 식품에 대한 IgG 항체 증가량을 측정하는 식품 과민성 검사를 받으면 시간이 오래 걸리는 제한 식이요법을 하지 않고서도 어떤 음식에 과민한지 알 수 있다.

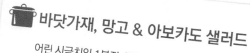 바닷가재, 망고 & 아보카도 샐러드

어린 시금치잎 1봉지, 씻은 것
잘 익은 망고 1개, 잘게 썬 것
신선한 민트잎 5ml, 다진 것

바닷가재 1마리 살, 잘게 썬 것
잘 익은 아보카도 1개, 잘게 썬 것
강황 가루 5ml

(4인분)

• 접시 4개에 시금치잎을 나누어 담는다. 남은 재료를 볼에 넣고 섞은 후 시금치 잎에 얹어 먹는다.

만성 피로 증후군(Chronic fatigue syndrome/CFS)

만성 피로 증후군은 250명 중 1명에게 있는 것으로 추정되며, 10대 중반에서 40대 중반 사이에 가장 흔히 나타난다. 여성 환자가 남성 환자보다 3배 가량 더 많다. 만성 피로 증후군에 도움이 되는 식단은 개인마다 다르므로, 자신에게 어떤 음식이 좋은지 아는 것이 중요하다.

포스트 바이럴 퍼티그(post-viral fatigue), 만성 피로 면역 결핍 증후군(chronic fatigue immune dysfunction syndrome), 또는 신경 질환성 근육통(myalgic encephalopathy) 으로도 불리는 만성 피로 증후군은 신체적, 정신적 피로감, 근육통, 경련, 기억력 및 집중력 저하 등의 증상이 수면이나 휴식으로 해소되지 않고 지속되는 질환이다. 만성 피로 증후군 환자들은 자주 몸이 안 좋게 느껴지고, 감기와 비슷한 증상이 나타나며, 목이 아프고 분비선이 붓는다. 이러한 증상들은 일상 생활을 유지하는데 장애가 되며 과로시 악화되기 쉬운데 이 때 서너 시간 또는 며칠 후에 증상이 발현되는 경우가 많다. 당연하게도 우울증이 뒤따르는 경우가 많다.

만성 피로 증후군 체크리스트
- 회복 가능성에 대해 긍정적으로 생각한다.
- 인지 행동 치료(CBT), 점진적 운동, 가벼운 요가나 명상이 도움이 될 수 있다.
- 흡연 및 음주를 삼간다.

대부분의 만성 피로 증후군 환자들은 정상적인 시기와 증상이 재발되는 시기를 오간다. 일부는 완전히 회복되기도 하지만 심각한 상태가 지속되는 경우도 있다.

도움이 되는 식품

● 농약, 색소, 방부제 및 식품 첨가물을 피하기 위해 가능한 유기농 제품을 선택하고 건강에 좋은 자연 식품을 먹는다.

● 운동하는 것이 어려워 체중이 증가할 수도 있고, 식욕이 감퇴하거나 제대로 식사하기 어려울 정도로 아파서 체중이 감소하는 경우도 있으므로 적절한 체중 유지를 위해 노력한다.

● 조금씩 자주 먹는다. 만성 피로 증후군 환자들은 소화 및 흡수 기능이 떨어지는 경향이 있으므로 많은 양의 세 끼 식사보다 여섯 번에 걸쳐 소량으로 식사하는 편이 좋다.

● 비타민 B 군이 부족한 경우가 많으므로 비타민 B 섭취를 늘린다. 비타민 B는 통 알곡, 귀리, 콩류, 녹색 잎줄기 채소, 기름기 많은 생선, 육류(특히, 돼지고기와 오리고기), 견과류(특히, 호두), 석류, 바이오 요구르트, 비타민 강화 시리얼에 포함되어 있다.

> **유용한 보충제들**
> ● 보조 효소 Q10은 세포의 산소 흡수 및 에너지 생산에 필수적이므로 피로감을 줄일 수 있다.
> ● 달맞이꽃 기름과 오메가-3 생선 기름에는 지방산이 풍부해 고용량 복용시 80%에 가까운 만성 피로 증후군 환자들에게 효과가 있는 것으로 나타났다.
> ● 마그네슘은 피로와 에너지 결핍 증상을 완화시킨다.
> ● 비타민 B 복합체는 영양 결핍 방지에 도움이 된다.
> ● 에키네이셔(Echinacea), 자운영(astragalus), 라파초(lapacho), 올리브잎 추출물 등의 면역 활성 허브들은 항바이러스 기능도 있어서 만성 피로 증후군에 좋다(주의사항: 이런 허브들은 전문 허브연구가와 상담한 후 복용하는 것이 가장 좋다).

이외에도 만성 피로 증후군 환자들 가운데는 설탕을 거의 먹지 않는 칸디다 대응 식이요법이나 동물성 지방을 제한하고 섬유질이 풍부한 채식 위주 식이요법이 도움이 되는 사람들이 있다.

피해야 하는 식품

- 어떤 사람들은 카페인 섭취가 과도하면 증상이 악화되므로 이를 피한다.
- 만약 특정 식품이나 화학물질에 과민한 것 같다면 어떤 음식이 문제인지 정확히 알기 위해 제한 식이요법을 한다(195페이지, 식품 알레르기 & 과민성 참조).

 요구르트 드레싱을 얹은 비트, 석류 & 호두 샐러드

샐러드용 잎채소 1봉지 큰 것
익힌 비트 2개, 껍질 벗겨 작게 썬 것
다진 호두 한 줌
오이 반 개, 작게 썬 것
파 2대, 송송 썬 것
석류 1개 분량 씨(선택사항)
드레싱:
저지방 바이오 요구르트 100ml
통 겨자 30ml
왁스처리하지 않은 레몬 1개, 즙과 얇게 썬 껍질
새로 간 신선한 후추

(4인분)

- 접시에 샐러드용 채소를 깔고 비트, 호두, 오이, 파, 석류씨를 그 위에 얹는다.
- 드레싱 재료를 잘 섞은 후 샐러드에 뿌린다.

질병을 예방하고 치료하는 음식

에너지 결핍(Lack of Energy)

가끔 에너지가 딸리는 것은 정상적이지만 무기력함이 쌓이면서 거의 하루 종일 기운이 없고 심한 피로를 느끼게 되는 경우도 있다. 생활 습관을 바꾸고 식단을 조절하면 기력을 회복할 수 있다.

에너지 결핍 증상은 진단되지 않은 질환이 원인인 경우도 있지만 스트레스와 일, 가사 노동, 가족 돌보기 등 여러 가지 일로 정신없이 바쁜 나머지 편안히 쉬면서 자신의 건강을 보살필 여유가 없어서 생기는 경우가 더 많다. 설문조사 결과 여성의 1/3, 남성의 1/5이 정기적으로 피로와 에너지 결핍감을 느끼며, 성인의 1/10이 한 달 이상 지속되는 심한 피로감을 경험한 적이 있다고 응답했다.

관련 질병

운동 수위를 높이고 몸에 좋은 음식을 먹으며 수면의 질을 높였는데도 에너지 결핍 증상이 2주 이상 지속되면, 의사의 진료를 받아야 한다. 많은 다른 질환이 이런 증상으로 시작되기 때문이다. 에너지 결핍의 원인이 질병인 경우는 1/10에 불과하지만 혹시 빈혈, 호르몬 불

에너지 충전 체크리스트

- 규칙적으로 신선한 공기를 마시며 운동하면 신진 대사가 활발해진다.
- 휴식을 갖고 긴장을 풀 수 있는 시간을 마련한다. 조용히 앉아 책을 읽거나 명상을 하거나 음악을 듣는다.
- 과도한 체중을 감량한다.
- 쉬지 않고 장시간 일하는 것을 피한다.
- 삶의 주도권을 다시 잡는다. 지나친 요구는 거절한다.
- 일찍 잠자리에 들고 잘 때 창문을 조금 열어 놓아 산소가 순환되도록 한다.
- 원기를 회복시키기 위해 짧은 낮잠을 잔다.

균형(갑상성 부진, 당뇨 등), 우울증, 약 부작용, 심장 질환(불규칙적 심장 박동, 심부전 등), 진단되지 않은 감염성 질환(심장 판막에 생기는 염증 등), 자가 면역 질환(SLE 등), 포스트 바이럴 퍼티그(post-viral fatigue) 및 암(암 환자 100명 가운데 1명은 에너지 결핍이 유일한 증상이다) 등의 질환은 아닌지 확인해야 한다.

일산화탄소 중독 역시 에너지 결핍의 원인일 수 있는데 특히 두통이 있다

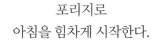

포리지로
아침을 힘차게 시작한다.

가장 중요한 사람 돌보기

자신을 먼저 생각해야 할 때가 있다. 만약 항상 에너지가 부족하고 피곤하다면 바로 지금이 그래야 할 때이다. 자기 자신을 돌보는 것을 소홀히 해선 안 된다.

가 신선한 공기를 마시면 금새 괜찮아지는 경우가 이에 해당한다(만약 일산화탄소 중독인 것 같으면, 전문가에게 가전 기기 검사를 받고 집안 환기에 신경쓴다).

도움이 되는 식품

- 오트밀(포리지)로 아침을 힘차게 시작한다. 호주 연구진들의 연구 결과에 따르면 운동 선수들이 귀리를 기본으로 하는 식단을 3주간 실시한 결과, 체력이 4% 증가하였다.
- 신선한 과일과 야채, 콩류, 견과류, 씨앗류, 근채소 등 섬유질이 풍부하며 통 알곡(통밀빵, 통밀 파스타, 펄 발리(pearl barley), 퀴노아, 테프, 현미) 을 기본으로 하는 저혈당 식사를 한다.

소화가 잘 안 되는 기름진 음식 대신
몸에 좋은 간식을 선택하자.

- 혈당을 비교적 안정적으로 유지하기 위해 일정한 간격으로 규칙적인 식사를 한다.
- 세포의 에너지 생산에 필수적인 비타민 B 섭취를 늘린다. 비타민 B는 살코기, 달걀, 귀리, 이스트 추출물, 유제품, 현미 등에 많다.
- 귀리 비스킷, 떡(쌀과자 포함), 넛 버터, 후무스(hummus), 과카몰리(quacamole), 야채 스틱(vegetable sticks), 과일, 저지방 요구르트 등의 건강 간식을 즐긴다.

> ### 유용한 보충제들
> - 종합 비타민과 미네랄은 영양 결핍을 방지해 준다.
> - 비타민 B군, 알파리포산(alpha-lipoic acid) 및 L-카르니틴(L-carnitine)은 세포의 에너지 생산에 필요하다.
> - 마그네슘은 에너지 생산의 필수 성분인데 음식에는 부족한 경우가 많다.
> - 보조 효소 Q10은 체력 및 지구력을 향상시킨다.
> - 은행은 뇌의 혈액 공급을 촉진하여 정신력, 기억력, 집중력을 향상시킨다.
> - 과라나(guarana)는 카페인(트라이메틸 크산텐(tri-methyl xanthene))과 유사한 성분인 테트라메틸 크산텐(tetramethyl xanthene)을 함유하고 있는데 이 성분은 카페인보다 부작용이 적으면서 피로를 풀어준다.
> - 고려 인삼은 원기를 북돋아 피로를 방지하고 지구력을 향상시켜 준다.
> - 시베리아 인삼은 특히 스트레스를 받았을 때 좋으며 원기를 북돋아 준다.

- 만약 빈혈이 의심스럽다면(생리양이 너무 많거나 최근 임신 경험이 있거나 식사가 빈약한 경우 등) 철분이 풍부한 음식을 먹는다. 붉은색 육류, 생선(특히, 정어리), 맥아, 강화 밀가루로 만든 빵, 달걀, 진녹색 잎줄기 채소(케일, 시금치, 파슬리 등), 자두를 포함한 말린 과일 등에 철분이 풍부하다. 이와 함께 비타민 C 섭취를 늘리면 철분 흡수율이 높아지므로 차 대신 삶은 달걀과 신선한 오렌지 주스 한 잔으로 아침 식사를 한다(차에 포함된 타닌은 철분 흡수를 방해한다).
- 수분을 충분히 섭취한다. 수분이 조금만 부족해도 피곤해질 수 있다.

피해야 하는 음식

- 감자 튀김, 페이스트리, 케이크, 단 비스킷, 도넛, 파이, 튀김이나 부침개 등 소화가 잘 안 되고 기름진 음식을 피한다. 저지방, 고섬유질이며 탄수화물을 기본으로 하는 아침 식사에 비해 기름진 아침 식사는 오전 시간의 피로 증가, 처지는 기분, 주의력 결핍 등을 유발한다. 기름진 아침 식사에 이어 점심 식사까지 기름지면 하루 종일 에너지 결핍감을 느낄 것이다.

- 과식을 피한다. 과식은 피를 뇌에서 소화 기관으로 옮겨 피로감을 유발한다.

- 케이크, 초콜릿, 흰 빵, 파스타 등 단당류 식품을 피한다. 이들은 에너지를 신속히 공급해 주긴 하지만 인슐린을 분비시켜 혈당 수치를 낮춘다. 그 결과 서너 시간 후에는 에너지가 소진돼 버릴 수 있다(흰 빵으로 만든 샌드위치와 단 청량 음료로 점심 식사를 하면 오후에 졸릴 가능성이 높다).

- 카페인 섭취를 줄인다. 이제 카페인은 에너지를 가장 고갈시키는 음식 중 하나로 간주된다. 단기적으로는 빠른 각성 효과가 있지만 장기적으로는 정서불안, 불면, 두통, 불안증 및 피로감을 유발할 수 있다. 카페인 금단 현상이 생기지 않도록 점진적으로 줄인다.

- 피로를 가중시키므로 과음하지 않는다. 증상이 호전되는지 알아보기 위해 몇 주 동안 금주해 본다(이것이 어렵게 느껴지면 의사와 상의한다).

피칸 넛 로스트(peacan nut roast)

올리브유, 유채씨유, 또는 삼씨유 30ml
양파 큰 것 1개, 잘게 썬 것
마늘 2쪽, 다진 것
신선한 허브 한 줌(파슬리, 타임, 머조램, 세이지) 다진 것
통밀 빵가루 200g
피컨 넛 150g, 잘게 다진 것
달걀 큰 것 1개, 저어 놓기
야채 육수 또는 물 150ml
레몬 1개, 즙과 얇게 썬 껍질
새로 간 신선한 후추

(4인분)

• 오븐을 200℃/400℉로 예열한다. 450g짜리 빵틀에 들러붙지 않는 베이킹 종이를 깐다.
• 팬에 기름을 두르고 양파와 마늘이 부드러워질 때까지 볶는다. 여기에 남은 재료 전부를 넣고 잘 섞은 후 빵틀에 담는다.
• 연한 갈색을 띨 때까지 30분간 굽는다. 빵틀에서 조금 식도록 놓아 두었다가 꺼낸다.

빈혈(Anaemia)

유럽 인구의 23%가 빈혈이 있는 것으로 추정되는데 유럽보다 빈혈 환자수가 훨씬 적은 미국은 인구의 1/50 이하이다. 빈혈의 가장 대표적인 원인은 철분, 엽산, 또는 비타민 B_{12} 부족이므로 빈혈을 물리치기 위해서는 식단을 바꾸는 것이 중요하다.

빈혈은 문자 그대로 '피가 없다'는 뜻이며 적혈구에 들어 있는 혈색소인 헤모글로빈(haemoglobin)의 수치가 낮은 것과 관련된다. 헤모글로빈은 몸 구석구석에 산소를 실어 나르는데 결정적인 역할을 하므로 이 수치가 떨어지면 세포에 충분한 산소 공급이 이루어지지 않게 된다. 증상으로는 창백함, 피로, 에너지 결핍, 어지러움, 감염성 질환 재발(특히, 칸디다), 혓바늘, 구강염, 숨참, 심지어는 협심증까지 나타날 수 있다. 악성 빈혈은 위에서 내인자(intrinsic factor)라는 물질의 생산이 멈추면서 발생하는데 이 내인자는 소장의 비타민 B_{12} 흡수에 필요한 성분이다.

철분 결핍성 빈혈은 모유를 먹는 아기, 유아, 청소년, 생리 중인 여성이나 임산부 및 노인들에게 흔하다.

도움이 되는 식품

조개류, 붉은색 육류, 정어리, 맥아, 통밀빵, 달걀 노른자, 녹색 채소, 견과류, 통 알곡, 말린 과일, 아침 식사용 강화 시리얼 등이 철분이 풍부한 식품이다.

붉은색 육류의 철분(햄 철분(haem iron))은 채소에 들어있는 식물성 철분보다 최고 10배까지 흡수율이 높다. 따라서 육식을 하는 사람들이 채식을 하는 사람들보다 철분 결핍성 빈혈에 걸릴 확률이 낮다. 또 식물성 철분을 섭취할 때는 신선한 오렌지 주스 등 비타민C 함유 식품을 곁들이면 철분 흡수율이 높아진다.

엽산의 주공급원은 녹색 잎줄기 채소 및 강화 시리얼이고 비타민 B_{12}는 간, 콩팥, 기름기 많은 생선(특히, 정어리), 흰 생선, 붉은색 육류, 달걀, 유제품 등에 함유되어 있다. 채식주의자들을 위해 녹청색 해조류나 미생물 배양균으로 만든 보충제가 있지만, 어떤 식물도 B_{12}를 충분히 공급해 주지는 못한다.

유용한 보충제들

- 철분 보충제로는 아미노산 킬레이트(페러스 비스그리시네이트(ferrous bisglycinate) 등) 형태가 무기질 황산철(inorganic ferrous suplhate)에 비해 흡수도 더 빠르고 부작용도 적다.
- 비타민 B_{12}는 입에서 흡수되도록 구강 스프레이나 녹여먹는 캔디 형태로도 나와 있다(장의 내인자 결핍에 영향을 주지 않기 위해).

주의 사항: 철분 섭취가 과도하면 유독하므로, 이러한 보충제들은 아이들의 손에 닿지 않는 곳에 보관해야 한다.

🍲 소고기, 시금치 & 토마토 스튜

기름기 적은 스튜용 소고기 400g, 깍둑썰기 한 것
양파 큰 것 1개, 얇게 썬 것
신선한 허브 한 줌(타임, 파슬리, 마조람 등), 다진 것
마늘 1쪽, 으깬 것
저염 부용 큐브(boullion cube)[1]로 만든 육수 300ml
썬 토마토 400g짜리 1캔
토마토 퓌레 15ml
새로 간 신선한 후추
신선한 어린 시금치잎 1봉지, 씻어 물기 뺀 것

(4인분)

- 오븐을 180℃/350℉로 예열한다.
- 레인지 위에 올려 놓고 가열해도 깨지지 않는 캐서롤 그릇(찜용기)에 소고기, 양파, 허브, 마늘, 스톡을 넣는다. 끓기 시작하면 뚜껑을 덮고 그릇을 오븐에 넣은 후 30분 동안 익힌다.
- 썬 토마토와 퓌레를 첨가해 잘 저은 후 다시 1시간 동안 익힌다.
- 후추로 양념하고 시금치잎을 넣어 숨이 죽으면, 현미와 샐러드와 함께 먹는다.

---

1 고기나 채소를 끓여 만든 육수를 고형으로
   만들어 놓은 것

육식을 하는 사람들은
채식만 하는 사람들에 비해
철분 결핍성 빈혈이 더 적다.

갑상선 질환(Thyroid problems)

많게는 여성 12 명 가운데 1명이 갑상선 기능 저하증(갑상선 부진: hypothy-roidism)을 갖고 있고 여성의 2~5%는 갑상선 기능 항진증(비정상적 갑상선 항진: hyperthyroidism)을 앓고 있다. 남성들에게는 이 두 질환 모두 여성보다 10배 더 적게 나타난다. 증상에 따라 이에 맞는 음식을 먹으면 치료에 도움이 된다.

갑상선은 목의 끝부분 기관(trachea /windpipe) 바로 앞에 위치하는 나비 모양의 분비샘이다. 갑상선에서는 요오드(iodine)가 함유된 두 종류의 호르몬 - 티록신(thyroxine, T4)과 트리요오드사이로닌(triiodothyronine; T3)이 분비되는데 이들은 세포 활동을 촉진해 신진대사를 향상시킨다.

갑장선 기능 저하증은 이 호르몬들의 분비량이 너무 적은 경우이고 이와 반대로 갑상선 기능 항진증(갑상선 중독증(thyrotoxicosis)이라고도 불리는)은 호르몬 분비량이 너무 많을 때 생긴다. 갑상선 기능 저하증은 증상이 나타나지 않는 경우가 많으며 여성의 1/50 정도가 증상이 분명히 드러나는 갑상선 부진을 갖고 있다.

갑상선 체크리스트
- 티록신 호르몬 약알과 철분 보충제를 함께 복용하는 경우에는 철분이 티록신 흡수를 방해하므로 적어도 2시간 간격을 두고 복용한다.
- 티록신을 복용하는데도 갑상선 부진 증상이 지속되면 T3 호르몬으로 교체하는 것 에 대해 의사와 상의한다 (미국에서는 이렇게 하는 사례가 흔하지만 영국에서는 논란이 되고 있다).

갑성선 기능 저하증 (Hypothyroidism)

갑상선 기능 저하증은 면역 체계가 갑상선 단백질에 대한 항체를 생성하게 되는 자가면역 질환인 경우가 많으며 이는 만성적인 자가면역 갑상선염으로 발전한다. 증상이 나타나지 않는 경우도 많지만 갑상선종(goiter)이 생기고 갑상선 분비샘이 부으며 목이 꽉 찬 듯한 느낌이 들고 음식을 삼키기 어려워지며 때로는 목이나 가슴에 불편함 또는 통증이 느껴질 수 있다. 이 때 생성되는 항체들은 초기에는 염증을 일으키고 일시적인 갑상선 기능 항진 증상을 유발하지만, 점차 갑상선 기능 저하 증상으로 옮겨가는 것이 일반적이다. 갑상선 기능 항진 치료가 원인인 경우도 있고 지역에 따라 요오드, 셀렌, 아연 섭취의 심각한 결핍이 원인인 경우

체중이 감량하거나 증가하는 것이 증상 중 하나일 수 있다.

알고 있었나요?

만성 소화 장애와 갑상선 질환을 모두 갖고 있는 사람이 글루텐-프리 식이요법을 하면 두 증상 모두 나아진다.

도 있다. 또한 흡연 역시 갑상선 기능 저하증의 위험을 높인다.

갑상선 부진 증상들은 신진대사 둔화가 원인으로 다음의 것들이 포함된다.

- 에너지가 딸리며 전반적으로 몸의 기능이 저하됨
- 근육 경련 및 약화
- 체중 증가
- 추위를 탐
- 피부 및 머리카락 건조, 눈썹 끝 부분 1/3 정도가 손실됨
- 얼굴과 손발의(피부) 조직이 두꺼워짐
- 맥박이 느려짐
- 변비 및 생리량 증가
- 목소리가 낮아지고 불분명해짐

호르몬 대체 요법

갑상선 기능 저하증 치료에는 갑상선 촉진 호르몬(TSH, 뇌하수체에서 분비됨) 수치를 정상 범위로 회복시키기 위해 갑상선 호르몬 대체 요법이 사용된다. 일부 내분비 학자들은 티록신(트리요오드사이로닌) 수치가 정상 범위 상한선까지 올라가고 TSH 수치는 약간 낮아져야만 완전한 치료가 이루어진 것이라고 믿는다. 호르몬 대체 요법을 받으면서 부작용(갑상선 항진 증상들)을 최소화하고, 신진 대사를 활성화해 체중 증가 및 에너지 결핍 현상을 줄이는 방안에 대해 의사와 상담해야 한다.

질병을 예방하고 치료하는 음식

갑상선 기능 항진증(Hyperthyroidism)

갑상선 기능 항진증의 가장 흔한 원인은 자가 면역 질환의 일종인 그레이브
즈병(Grave's disease)인데 이것은 갑상선 촉진 항체가 갑상선 세포 수용체
에 결합하여 갑상선 촉진 호르몬(TSH)과 유사한 기능을 함으로써 호르몬을
과다 분비시키는 질환이다. 이러한 항체가 왜 만들어지는지에 대해선 아직
규명되지 않았다. 이외에도 갑상선 분비샘 혹(결절) 비대화, 분비샘의 바이
러스 감염(갑상선염), 뇌하수체의 TSH 과다 분비 등이 갑상선 기능 항진증
을 유발한다.

　갑상선 기능 항진 증상들은 신진대사가 지나치게 빨라져 나타나는 것으
로 다음의 증상들을 포함한다:

- 체중 감소 및 식욕 증가
- 불안, 짜증, 안절부절못함
- 피로, 기운 없음
- 맥박과 심장 고동이 빨라짐
- 더위를 탐(열에 민감해짐)
- 설사 및 생리에 변화가 나타남

도움이 되는 식품

- 설탕과 정제 식품을 먹지 않으면 갑상선 기능이 향상된다.
- 맥아, 브라질 호두, 생선, 통 알곡 시리얼, 버섯, 양파, 마늘 등 셀렌이 풍부
  한 음식 섭취를 늘린다. 셀렌은 가장 활성화된 형태의 갑상선 호르몬인T3
  의 분비를 조절하는데 필요하므로 갑상선 조직의 1g당 셀렌 함량은 다른

어떤 신체 기관보다 높다. 셀렌과 요오드 함량이 낮은 토양(영국 포함)에서는 특히 갑상선 기능 저하증 발병률이 높다.

만약 갑상선 기능 저하증이라면:

- 생선, 해산물, 달걀, 육류, 우유, 요오드 첨가 소금 등 요오드를 공급해 주는 식품을 섭취한다. 영국 의학 저널 (British Journal of Medicine)에 실린 채식주의자들에 관한 연구에 따르면, 이들 중 여성의 63%, 남성의 36%가 요오드 섭취가 불충분한 것으로 나타났다.

만약 갑상선 기능 항진증이라면:

- 고이트러젠(goitrogen)을 함유한 식품의 섭취를 늘린다: 고이트러젠은 T4 호르몬이 T3 호르몬(가장 활성화된 형태)으로 전환되는 것을 막아 갑상선 항진증 치료에 도움을 준다. 방울 양배추, 브로콜리, 양배추, 콜리플라워, 케일, 순무, 청경채, 배추, 칼러드 그린즈(collard greens), 서양고추냉이, 무, 스웨덴 순무(swede/rutabaga), 카사바(cassava), 대두 등에 고이트러젠이 함유되어 있다.

유용한 보충제들

- 신진대사율이 높아지면 비타민과 미네랄이 더 빨리 소모되므로 요오드, 셀렌, 아연을 포함하는 종합비타민과 미네랄 보충제를 복용해 갑상선 기능을 보강해 준다(갑상선 항진증인 경우 요오드는 피한다).
- 켈프(kelp)[1]에는 요오드가 풍부하므로 요오드 섭취 부족과 관련된 갑상선 부진에 도움이 된다(갑상선 항진증에는 피한다).
- 달맞이꽃 기름과 오메가-3 생선 기름은 필수 지방산 결핍을 막아 준다.
- 진정 기능이 있는 허브들인 쥐오줌풀과 돌꽃류는 갑상선 기능 항진증에 따르는 불안과 초조감을 완화시킬 수 있다.

---

1 해초의 일종

피해야 하는 식품

만약 갑상선 기능 저하증이라면:

• 고이트러젠을 함유한 식품의 지나친 섭취를 피한다

만약 갑상선 기능 항진증이라면:

• 요오드가 첨가된 소금과 신진 대사를 촉진시킬 수 있는 커피, 차, 여타 카
  페인 함유 음료를 피한다.

 버섯과 샬롯(작은 양파)을 곁들인 넙치 요리

올리브유, 유채씨유, 또는 삼씨유 30ml
양송이 버섯 16개, 반으로 자른 것
넙치 토막(두툼한 것) 4토막
왁스처리되지 않은 레몬 1개, 즙과 얇게 썬 껍질
새로 간 신선한 후추

샬롯 4개, 작게 썬 것
마늘 4쪽, 으깬 것
화이트 와인 50ml
옥수수 가루 5ml
장식용 파슬리

(4인분)

• 커다란 팬에 기름을 두르고 가열되면 샬롯, 버섯, 마늘을 넣고 부드러워질 때까지 볶는다.
• 넙치를 넣고 화이트 와인과 레몬 즙/껍질을 얹는다. 뚜껑을 덮고 5분간 익힌 후 넙치를 뒤집어 다시 5분 또
  는 넙치살이 단단해질 때까지 익힌다. 넙치를 꺼내 따뜻하게 둔다.
• 화이트 와인이나 물 소량에 옥수수 가루를 푼다. 이것을 버섯과 샬롯 소스에 저어 넣은 후 적당한 농도가 되
  도록 끓인다. 후추로 간한 소스를 넙치에 붓고, 파슬리로 장식하여 마무리한다.

암(Cancer)

암은 전세계적으로 대표적인 사망 원인이다. 평생 암 진단을 받을 확률은 1/3이며 75세 이전에 암으로 사망할 확률은 현재 1/9이다(담배를 피우거나 암에 대한 가족력이 있다면 이 확률은 더 높아진다). 항암 성분을 함유한 식품 섭취를 늘리면 암 예방에 도움이 될 수 있다.

정상적인 경우에는 오래된 세포들이 가끔씩 새로운 세포로 교체되는데 이와 달리 세포가 비정상적으로 분열을 거듭하게 되면 암이 발생한다. 암은 세포 번식을 제지하는 몸의 신호에 반응하지 않고 비정상적인 자가 복제를 거듭한다. 만약 면역 체계에서 이를 감지하고 이러한 비정상적 세포들을 제거하지 않으면 계속 분열하여 주변 조직으로 침투하게 된다. 종양이 일단 어느 정도 크기가 되면 비정상적 세포들이 빠져 나와 혈액과 림프관을 타고 신체의 다른 부위로 퍼져나간다. 이와 같은 2차 종양(암세포 전이)이 가장 흔히 생기는 부위는 폐, 뼈, 간, 뇌로 비정상적 세포들이 이곳에서 계속 증식한다. 전세계적으로 암 사망률은 1975년에서 2000년 사이에 두 배가 되었으며, 2020년에 다시 이의

증상 체크리스트

- 아래와 같은 증상들이 지속된다면 간과해선 안 된다.
- 배변 습관의 변화
- 소변 보는데 어려움을 겪음
- 잦은 속쓰림
- 계속되는 기침이나 숨참
- 빈번한 통증이나 몸이 불편함
- 별다른 이유 없는 체중 감소
- 몸의 어느 부위에서건 예상치 못한 출혈이 나타남(폐경 후 또는 성교 후 출혈 포함)
- 음식을 삼키기 어려움
- 아주 조금만 먹어도 포만감을 느낌
- 목소리가 쉬거나 목이 아픈 상태가 3주 이상 지속됨
- 기타 염려가 되는 지속적인 건강 문제

무엇이 원인인가? 암과 관련된 요인들:

- 가족력 • 유전자, 환경, 식사 및 생활 습관 사이의 상호 작용에 대한 이해 부족 • 흡연
- 알코올 • 비만 • 운동 부족 • 대기 오염 • 작업 환경의 발암 물질
- 고체 연료의 실내 연기 • 간염 바이러스 • 일부 사마귀 바이러스(human wart papilloma virus)

식품	항암 성분
브로콜리	설포라판(sulphoraphane)
양배추과	이소티오시안염
토마토	(isothiocyanates)
마늘	리코펜(lycopene)
버섯	알리신(Allicin)
양파, 리크, 사과	렌티난(lentinan)
고추	플라보노이드(flavonoids)
셀러리, 파슬리	캡사이신(capsicins)
체리, 베리, 포도	아피게닌(apigenin)
감귤류	엘라그산(ellagic acid)
	리모넨(limonene),
브라질 호두	헤스페리딘(hesperidin),
대두, 알파파	리모노이드(limonoids)
기름기 많은 생선	셀렌(selenium)
씨앗류	이소프라본(isoflavones)
녹차/ 홍차	에이코사펜타에노산
	(eicosapentaenoic acid)
	리그닌(lignins)
	카테킨(catechins)

두 배 2030년에는 세 배에 이를 전망이다.

도움이 되는 식품

물론 확실한 결과를 보장할 수는 없지만 다음과 같이 암에 좋은 음식의 섭취

를 늘리면 암을 이길 가능성을 높일 수 있다.

- 식물성 항산화 성분이 풍부한 식사를 하면 다양한 항암 효과를 얻을 수 있다. 과일과 채소에는 항암 효과가 있는 것으로 추정되는 식물성 화학 물질 플라보노이드(flavonoid), 페놀(phenol), 테르펜(terpene)등의 비 영양소 물질이 함유되어 있다. 매일 450g 이상 먹는데(감자를 제외한 양), 토마토, 감귤류, 베리, 고추/피망, 당근, 브로콜리, 양배추, 콩류 등 다양한 종류를 골고루 먹는다.
- 셀렌은 인체가 강력한 항암 효소를 만드는 데 필요한 성분이므로, 셀렌 섭취를 늘린다. 셀렌 수치가 낮은 토양에서는 암 발병률이 2~6배 가량 높다.

알고 있었나요?

전체 암 가운데 최소 40% 이상이 생활 습관을 바꿈으로써 예방할 수 있는 것들이다. 이 중 흡연은 가장 대표적인 예방 가능한 요인이다.

유기농 식품 선택

비유기농 제품에는 농약 잔재물이 있는데 살진균제(fungicide)의 90%, 제초제(herbicide)의 60%, 살충제(insecticide)의 30%가 잠재적인 암 유발 성분을 함유하고 있다.

브라질 호두, 생선, 가금류, 육류(특히, 사냥용 고기), 통 알곡, 버섯, 양파, 마늘, 브로콜리, 양배추에 셀렌이 풍부하다.

- 이소프라본 섭취를 늘린다. 이소프라본과 같은 약식물성 호르몬(weak plant hormone)은 에스트로겐 수용체를 막아 과도하게 분비된 에스트로겐의 기능을 약화시킨다. 이소프라본 일일 섭취량이 2~5mg에 불과한 서양인들에 비해 일일 섭취량이 50~100mg인 동양인들은 유방암이나 전립선암과 같은 호르몬성 암 발병률이 훨씬 낮다. 이소프라본은 콩류, 렌틸, 병아리콩, 회향, 견과류 및 씨앗류에 들어 있다.

- 대장암을 예방할 수 있는 칼슘 및 비타민D 섭취를 늘린다. 우유, 치즈, 요구르트, 케일, 시금치 등 진녹색 잎줄기 채소에 칼슘이 풍부하다. 비타민D는 기름기 많은 생선, 생선 간 기름, 동물 간, 강화 마가린, 달걀, 버터, 강화 우유, 시리얼 등에 함유되어 있다.

- 마늘을 먹는다. 마늘을 많이 먹는 사람들은 위암, 장암, 전립선암에 걸릴 확률이 낮다.

- 차를 즐긴다. 녹차 폴리페놀은 방광암, 식도암, 췌장암, 난소암, 자궁 경부암(가능성) 예방에 효과가 있다.

- 섬유소 섭취를 늘린다. 섬유질과 장암의 관계에 대해서는 이론의 여지가 있지만 일반적으로 섬유질을 충분히 섭취하면 배설물이 소화관을 통해 배출되는 과정을 촉진해 잠재적 독소가 장 세포에 접촉하는 시간을 단축시킨다. 통 알곡 시리얼과 빵, 자두, 베리류, 강낭콩을 포함한 콩과 식물, 신선한 과일과 야채, 현미에 섬유질이 풍부하다.

적절한 체중을 유지하며 매일 운동한다.

피해야 하는 음식

지방 함량과 칼로리가 높은 식사, 가공 처리된 탄수화물, 소금, 알코올, 훈제 식품이나 탄 음식, 항산화 성분 및 섬유질이 적은 식품을 많이 먹으면 암 발병률이 높아진다. 과도한 지방 섭취는 장의 담즙산 분비를 촉진하기 때문에 장암의 주요 원인으로 간주된다. 과도한 담즙산은 대장에서 종양 성장을 촉진하는 2차 물질로 전환된다.

유용한 보충제들

암 예방을 위해 특별히 복용해야 하는 보충제가 따로 있는 것은 아니다. 그러나 다른 이유로 보충제를 복용하고 있다면 암 예방에도 좋은 영향을 미칠 수 있다. 확정적인 증거는 없지만 일부 연구에 따르면 몇몇 비타민, 미네랄, 일부 식품들이 함암 기능을 함유한 것으로 추정된다. 셀렌, 콩 이소프라본, 비타민C 와 D, 엽산, 녹차, 마늘, 토마토 추출물 및 일부 아시아산 버섯(영지, 표고, 잎새, 구름 버섯 등)이 이에 해당된다.

주의 사항: 암환자인 경우, 보충제 복용 전 반드시 이에 대해 의사와 상담해야 한다.

- 전반적인 지방 섭취를 줄이고 불포화 지방(올리브유, 유채씨유, 아보카도, 견과유 등)과 오메가 -3 기름(생선, 삼씨유 등)과 같이 '좋은' 지방을 섭취한다.
- 붉은색 육류 및 소세지, 베이컨, 햄버거, 햄 등 절이거나 가공 처리된 육류 섭취를 줄이는데, 특히 튀기거나 태우거나 바베큐한 것을 피해야 한다 (고기가 탈 때 나오는 화학물질은 장암과 관련있다).
- 소금으로 보존 처리를 하거나 절인 식품, 훈제 식품 섭취를 줄인다.
- 케이크, 비스킷 등 정제 탄수화물 식품의 섭취를 줄인다.
- 과음을 피하고 적당한 음주량을 지킨다.

양배추 스튜(Cabbge Ratatouille)

올리브 기름 15ml
적양파 1개, 잘게 썬 것
리크 1대, 씻어서 송송 썬 것
마늘 4쪽, 으깬 것
셀러리 1대, 잘게 썬 것
붉은 피망 1개, 씨 빼고 길게 썬 것
양배추 반 통, 가늘게 채썬 것
가지 1개, 잘게 썬 것
호박 1개, 잘게 썬 것
양송이 버섯 한 줌, 반으로 자른 것
왁스처리하지 않은 레몬 1개, 즙과 얇게 썬 껍질
알이 굵은 토마토 1개, 잘게 썬 것
토마토 퓌레 15ml
레드 와인 또는 야채 육수 150ml
신선한 혼합 허브 한 줌(파슬리, 바질, 타임, 로즈메리, 고수 등), 다진 것
새로 간 신선한 후추

(4인분)

- 커다란 팬에 올리브 기름을 두르고 가열한 후 양파, 리크, 마늘, 셀러리가 부드러워질 때까지 볶는다. 붉은 피망, 양배추, 가지를 넣고 5분간 더 볶는다.
- 남은 재료를 모두 넣은 후 뚜껑을 덮고 30분간 은근히 끓인다. 필요에 따라 물을 조금씩 첨가하면서 가끔 저어 준다. 후추로 간해 마무리한다.

감기 및 독감(Colds & Flu)

감기와 독감 바이러스는 기침, 재채기, 대화, 심지어는 악수를 통해서도 전염된다. 그러나 몸에 이로운 식사를 하고 건강한 생활 습관을 갖는다면 감기나 독감에 걸리는 일이 훨씬 적을 것이다.

인간이 가장 잘 걸리는 병이 바로 감기로 감기 증상을 일으키는 바이러스의 종류만 100가지가 넘는다. 성인은 1년에 평균 2~3번 걸리는 반면 아이들은 때로 많게는 10번까지 걸리는데 아이들은 어린이집이나 학교에서 바이러스에 더 많이 노출되기도 하고 감기에 대한 면역력이 아직 완전히 갖추어져 있지 않아서이다. 독감은 초기에는 감기와 증상이 비슷하지만 금새 훨씬 더 심각해진다.

증상	일반 감기	독감
두통	흔하지 않음	현저함
코막힘	일반적	가끔
재채기	일반적	가끔
목 아픔(인후염)	흔함	가끔
기침	경미하거나 심하지 않은 정도	경미한 상태부터 심각한 정도까지
몸살 및 통증	약간	심함
극심한 피로	없음	현저함
허약해짐	약간	심함: 2~3주간 지속될 수 있음
열	미열이 있거나 없음	보통 39℃ 이상이며 3~4일간 지속됨

- 코감기 바이러스(겨울철에 활동이 더 활발해진다) • 에코 바이러스(echo virus)[1]와 콕사키 바이러스(Coxsackie virus)[2] • 인플루엔자 A 및 B형 바이러스 • 에어컨(코 내벽을 건조하게 만들어 코를 통해 바이러스가 침투하기 더 쉽게 만든다) • 위생 불량

도움이 되는 식품

면역 체계가 가장 활발히 활동하는 곳이 장 내벽이므로 장 건강에 좋은 음식을 먹는다.

- 신선한 과일과 야채를 매일 5번 이상 먹고 몸에 좋은 자연 식품으로 구성된 식사를 한다.
- 기름기 많은 생선, 견과류, 씨앗류에 들은 오메가-3 섭취를 늘린다. 오메가-3는 알레르기 및 염증에 대한 저항력을 높여 준다.

> **감기 및 독감 체크리스트**
> - 스트레스를 피하고 충분한 수면을 취한다.
> - 규칙적으로 운동하되 무리하지 않는다.
> - 금연하고 다른 대기 오염 물질 역시 최대한 피한다.
> - 감기 환자들을 피하고 이들과 악수하지 않는다.
> - 손을 자주 씻고 항균 물티슈나 스프레이, 항균 티슈를 사용한다.
> - 바이러스는 장시간 생존할 수 있으므로 문 손잡이를 잘 씻는다.
> - 특별히 독감에 걸리기 쉬운 사람들은 독감 예방 주사에 대해 의사나 약사와 상의한다.

- 사과를 매일 한 개씩 먹는다. 사과에는 면역 세포를 활성화시키고 염증을 감소시키는 가용성 섬유질과 항산화성 플라보노이드가 들어 있다.
- 천연 항바이러스 성분을 함유하고 있는 엘더베리(elderberry) 섭취를 늘린다. 이 성분은 감기 및 독감 증상을 완화하고 앓는 기간을 단축시킨다.
- 항바이러스 성분을 함유한 양파와 마늘을 요리에 자주 사용한다.

---

1 장에서 번식하며, 수막염의 원인이 되는 바이러스
2 호흡기 질환의 원인이 되는 바이러스

- 셀렌은 항체 생산에 필요하며 감염에 대항하는 내추럴 킬러 세포(natural killer cell)의 활동을 촉진하므로 셀렌 섭취를 늘린다. 셀렌이 부족한 사람들은 독감을 더 심하게 앓는다. 셀렌이 가장 풍부한 브라질 호두를 하루에 2개씩 먹는다.
- 생선 간 기름, 동물 간, 강화 마가린, 달걀, 버터, 강화 우유 및 보충제 등을 통해 비타민D 를 충분히 섭취한다.
- 아연을 충분히 섭취한다. 아연이 적정 수준으로 유지되면 감기의 지속 기간을 줄일 수 있다. 대부분의 육류, 조개류, 견과류, 씨앗류(특히, 호박씨), 강화 시리얼 등에 많다.
- 생균제 음료나 보충제를 매일 복용하면 면역력이 향상된다.

감기나 독감 증상이 이미 시작됐다면, 따뜻한 음료를 충분히 마시면서 수프, 요구르트, 스크램블드 에그, 빵 등 간단하면서 부드러운 음식을 먹는다.

🍲 엘더베리 퓌레(Elderberry Puree)

잘 익은 엘더베리 150g, 씻어서 꼭지 뗀 것
사과 250g, 껍질을 벗기고 씨를 도려낸 후 작게 썬 것
레몬 1개, 즙과 얇게 썬 껍질
물 100ml
스테비아, 입맛에 맞게

(4인분)

- 스테비아를 제외한 모든 재료를 팬에 넣고 끓기 시작하면10분간 더 끓인다.
- 이것을 믹서에 넣고 곱게 간다. 입맛에 맞게 스테비아(칼로리가 없는 천연 감미료)나 다른 감미료를 첨가한다. 이렇게 만든 퓌레를 요구르트, 포리지, 뮤에즐리에 넣어 먹거나 디저트 및 구운 고기나 찬 고기 요리에 소스로 활용한다. 이외에도 물을 넣고 희석한 후 얼려서 아이스바로 만들어 먹어도 좋다.

입 냄새(Bad breath)

입 냄새, 또는 구취(halitosis)는 흔한 질환으로, 본인이 자각하기 어렵고 심지어는 가장 친한 친구라도 지적하기 곤란한 문제이다. 먹는 음식과 음료에 신경 쓰고(먹는 방법 포함) 구강 건강을 유지하면 입 냄새를 없애는데 도움이 된다.

입 냄새는 일반적으로 입 안에 쌓이는 치태(bacterial plaque)가 그 원인이다. 치태는 100종류도 넘는 고약한 냄새와 휘발성 화학물질을 분비한다. 잇몸 질환이 있는 사람들은 없는 사람들에 비해 입 냄새가 날 확률이 4배나 높다. 치아를 둘러싸고 있는 잇몸이 빨갛게 부어 있거나 양치질을 할 때 피가 난다면 치은염(gingivitis; 잇몸 감염)일 가능성이 있다. 이것을 치료하지 않고 내버려 두면 턱뼈에까지 퍼져(치주염 periodontitis) 2~3m 밖에서도 맡을 수 있을 정도로 입 냄새가 심해진다.

침은 입 안을 깨끗이 청소해 주며 이 사이에 낀 음식을 분해하는 효소뿐 아니라 세균성 감염을 줄여주는 항체를 갖고 있다. 또한 치태에서 분비되는 산을 중화시키는 미네랄도 함유하고 있다. 이러한 침이 부족하면 입 냄새 및 충치가 생길 가능성이 높아지므로 구강 건조 증상이 있다면 인공 침 스프레이를 사용한다.

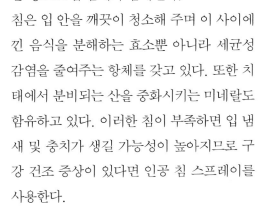

음식 / 음료수	PH
홍차	4.2
마요네즈	3.8 – 4.0
토마토	3.7 – 4.7
포도	3.3 – 4.5
사과	2.9 – 3.5
오렌지 주스	2.8 – 4.0
탄산 콜라 음료	2.7
식초	2.4 – 3.4
블랙 커피	2.4 – 3.3
레몬/라임 주스	1.8 – 2.4

에나멜(enamel)을 보호하자

치아 에나멜은 인체에서 가장 단단한 물질이지만 pH가 5.5이하로 떨어지면 음식물에 함유된 산에 쉽게 녹는다. 일단 에나멜이 녹으면 그 밑에 있는 에나멜보다 덜 단단한 부분이 썩기 시작하면서 입냄새를 유발할 수 있다. 251페이지 표는 장시간 치아에 접촉시 치아를 상하게 하는 식품 및 음료수의 예다.

도움이 되는 식품

• 산성 식품 및 음료수를 자주 먹지 말고 먹을 때는 오래 씹거나 조금씩 천천히 마시지 말고 빨리 먹거나 마신다. 그렇다고 균형잡힌 식단에 꼭 필요한 과일 및 과일 주스를 아예 피해선 안 된다. 또 빨대를 사용할 때는 빨대를 입 뒤 쪽으로 향하게 하면 음료와 치아의 접촉 시간을 줄여 청량 음료로 인한 치아 손상을 줄일 수 있다.

• 자주 생수를 마셔 입이 마르지 않게 하고 차, 커피, 콜라, 스포츠 음료, 술을 마신 후에는 입을 잘 헹군다.

• 치즈 등의 유제품과 같이 칼슘이 함유된 식품의 섭취를 늘리면 산 때문에 치아가 부식되는 것을 방지할 수 있다. 또 치아를 부식시킬 가능성을 줄인 칼슘 보강 과일 주스를 고르는 것도 좋다. 치아 전문가들은 과일 샐러드를 먹은 후에 몇 분간 치즈를 입에 물고 있으면 산의 부식 작용을 막을 수 있다고 조언한다.

- 페퍼민트나 파슬리, 또는 무설탕 껌을 씹으면 양파와 마늘로 인한 입 냄새를 가릴 수 있다.
- 입 냄새의 원인이 될 수 있는 고단백질 식사를 피한다.

무설탕 껌을 씹으면 입 냄새를 가릴 수 있다.

 엑스트라 치즈 코티지 치즈(Cottage Cheese[1])

저지방 천연 코티지 치즈 500g
체다 치즈 간 것 한 줌
골파 한 줌, 적당한 길이로 자른 것
새로 간 신선한 후추

(4인분)

- 모든 재료를 한데 섞은 후 입맛에 맞게 후추를 첨가한다. 이것을 어린 시금치잎에 얹어 샐러드로 먹거나 통밀빵(또 다른 칼슘 공급원인) 사이에 넣어 샌드위치를 만들어 먹는다.

---

1 작은 알갱이들이 들어 있는 부드럽고 하얀 치즈

편두통(Migraine)

성인 중 많게는 10명 중 1명이 편두통에 시달리는 것으로 추정되는데 여성이 남성보다 3배 더 많다. 일반적으로 사춘기에 증상이 시작되어 중년에 이르기까지 재발을 거듭하다 사라지는 경우가 많다. 마그네슘이 풍부한 음식을 섭취하고, 어떤 음식들이 증상을 유발하는지 알면 도움이 된다.

심각한 두통의 일종인 편두통은 머리의 한 쪽 주로 눈 주위에 욱신거리고 지끈지끈한 망치로 때리는 듯한 통증을 느끼는 것으로 묘사된다. 또한 메스거림이나 구토가 동반되기도 한다. 어떤 사람들에게는 발작 1시간 전부터 경고성 '전조(aura)'가 나타나는데 이는 가시적 증상(반짝거리거나 번쩍이는 빛, 이상한 지그재그 모양, 사각 지대(blind spot) 등), 얼굴 한 쪽의 감각이 둔해지거나 얼얼한 느낌, 때로는 언어 장애를 포함한다. 편두통은 뇌 혈관이 확장되면서 신경 조직이 막히는 현상과 관련있다.

유용한 보충제들

- 강황은 아유르베다 의학에서 편두통에 사용하는 허브이다. 강황 가루 5ml 를 따뜻한 물에 풀어 마시거나 캡슐 강황 추출물(curcumin)을 복용한다.
- 마그네슘 보충제는 편두통 발작 빈도를 줄인다.
- 비타민 B₂(riboflavin)를 고용량 복용하면 편두통 발작 빈도가 준다.

도움이 되는 식품

- 정제 탄수화물을 피하고 단식하거나 식사를 거르지 말고 균형 잡힌 식사를 한다.

- 가족력 • 피곤 및 극심한 피로 • 스트레스 • 탈수 • 일부 식품 • 카페인
- 생리 • 분노, 흥분 등 격렬한 감정

- 올리브 기름 및 생선 기름 섭취를 늘린다. 이들은 편두통의 빈도, 지속 기간, 심각한 정도를 줄여 준다.
- 편두통 환자들은 마그네슘 수치가 낮으므로 시금치, 고구마, 통알곡 등 마그네슘이 풍부한 음식을 먹는다.
- 지방 섭취를 줄인다. 일일 지방 섭취량을 66g에서 28g으로 줄인 결과, 편두통의 빈도, 강도, 지속 기간 및 약의 필요성이 상당히 줄었다는 연구 결과가 있다.

> **편두통 체크리스트**
> - 수분 공급을 위해 음료수를 충분히 마신다.
> - 조금씩 자주 먹으면 저혈당(hypoglycemi) 증상이 줄어든다.
> - 어떤 음식이 편두통을 유발하는지 찾아내어, 최대한 이들을 피한다.

음식 일기를 쓴다…

편두통을 유발하는 식품

여러 가지 식품들이 편두통을 유발하는 것으로 알려져 있는데 특히 우유, 초콜릿(이 두 식품이 가장 대표적인 것으로 각각 전체의 43%와 29%를 차지한다), 독일 소세지, 치즈, 생선, 와인, 커피, 마늘, 달걀 등이 주된 식품들이다. 이외에도, 콩류, 소고기, 감귤류, 옥수수, 튀김, 견과류, 돼지고기, 조개류, 차, 토마토, 커피 및 인공 감미료도 편두통 유발 음식으로 거론된다.

흔히 편두통을 자극하는 음식을 제외하는 제한 식이요법을 2주간 실시한 후 한 번에 한 가지 음식씩 다시 먹으면서 그 중 무엇이 문제인지 가려낸다. 또 최소 2주 이상, 또는 편두통 발작이 3번 일어나는 기간 동안 음식 일기를 기록하면, 편두통과 관련된 음식을 찾아내는 데 도움이 된다(이 때 편두통 유발 음식이나 음료가 그 영향을 발휘하는 데는 보통 섭취 후 24~48시간이 소요된다는 점을 염두에 둔다). 의심스러운 음식과 관련된 모든 음식을 피하고 (예를 들어 우유가 증상을 유발하는 것 같으면 유제품을 모두 제외), 직장 스트레스, 생리 주기의 단계 등 다른 요인들도 고려한다.

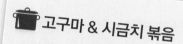

고구마 & 시금치 볶음

올리브 기름 30ml
고구마 큰 것 2개, 껍질 벗겨 깍둑썰기한 것
신선한 강황 가루 5ml
물 100ml
적양파 1개, 잘게 썬 것
어린 시금치잎 씻은 것 1봉지
새로 간 신선한 후추

(4인분)

- 올리브 기름에 고구마를 10분간 볶는다.
- 강황, 물, 적양파를 첨가한 후 물이 다 증발하고 고구마가 부드러워질 때까지 약한 불에 저어 가며 끓인다.
- 어린 시금치잎을 첨가해 숨이 죽을 때까지 끓인다. 후추로 간하여 마무리한다.

질병을 예방하고 치료하는 음식

전립선 비대증(Prostate enlargement)

60세에 이른 남성들 가운데 절반이 전립선 비대증을 갖게 된다(비록 전립선 비대증이 있는 모든 남성들이 불편한 증상들로 고생하지는 않지만). 음식은 전립선 비대증에 결정적인 역할을 하므로 적절한 영양소를 충분히 섭취하는 것이 필수적이다.

전립선은 방광 바로 밑에 있는 남성 분비선으로 요도(urethra)로 둘러싸여 있다. 남성이 40대 중반 이후가 되면 전립선 세포 수가 증가하는 경우가 많은데 이렇게 되면 분비선이 확대되기 시작한다. 이러한 증상을 양성 전립선 비대증(benign prostatic hyperplasia(BPH))이라고 부른다. 20대에는 큰 밤톨만한 크기 및 모양이던 전립선이 40대가 되면 통통한 살구만해지고 60대에는 레몬만해진다(드물긴 하지만 가끔 그레이프푸르트만큼 커지는 경우도 있다). 80세에 이르면 5명 중 4명의 남성에게 전립선 비대증이 나타나지만 이 중 절반만이 문제가 되는 증상을 겪는다.

　나이가 들면 테스토스테론, 다이하이드로테스토스테론(dihydro-testerone), 에스트로겐 호르몬들 사이의 균형에 변화가 생기는데 전립선 비대증은 이 변화에 대한 반응으로 추정된다. 전립선이 확대되면 요도(전립선 중심부를 지나는)

전립선 비대증 체크리스트

- 적절한 체중을 유지한다. 허리 둘레가 43 in(109 cm) 이상인 남성들은 허리 둘레가 적당한 남성들에 비해 하부 요로 문제가 생길 가능성이 2배 높으며 전립선 비대증으로 수술을 받을 가능성도 38% 더 높다.
- 규칙적으로 걷는다. 일 주일에 두세 시간씩 걷는 남성들은 걷지 않는 남성들보다 곤란한 증상을 동반하는 전립선 비대증에 걸릴 가능성이 25% 적다.
- 적당한 음주를 즐긴다. 연구 결과에 따르면 하루에 술을 세 잔 정도 마시는 남성들은 마시지 않는 남성들에 비해 전립선 비대증이 생길 가능성이 절반으로 낮은데 이는 알코올이 테스토스테론 호르몬의 영향력을 약화시키기 때문이다.

굴처럼 아연이 풍부한 식품들은
전립선의 호르몬 민감성 조절에
도움이 된다.

경고

만약 하부 요로 문제가 생기면 혹시 전립
선암은 아닌지 확인하기 위해 의사의 진
료를 받아야 한다(참고: 전립선 비대증
이 있다고 해서 전립선암 발병률이 높아
지는 것은 아니다).

를 압박해 여러 가지 하부 요로(lower
urinary track) 문제를 유발하는데 이에
는 다음과 같은 것들이 포함된다.

● 소변을 참기 어려움

● 소변이 잦아짐

● 소변을 보기 위해 밤에 잠자리에서
  일어나야 함

● 소변을 보는데 힘이 듬

● 소변 줄기가 약해짐

● 소변을 보는 도중 멈췄다 다시 시작함

● 소변이 샘

● 소변을 다 보지 못한 듯한 느낌이 있음

● 비뇨기에 느껴지는 불편함

도움이 되는 식품

- 저지방, 채식 위주의 식사가 예방 효과가 있는 것으로 추정된다. 전통 중국식이나 일본식 식사(다음 페이지 참조)를 하는 남성들은 서양식 식사를 하는 남성들에 비해 전립선 비대증이 덜 나타나며 일반적으로 전립선 분비샘이 더 작다.

- 섬유질이 풍부한 식사를 한다. 섬유질은 담즙에 실려 장에 도착한 남성 호르몬을 덩어리지게 만들어 체내 흡수율을 줄인다. 통 알곡, 통밀빵, 통밀 파스타, 콩류, 과일, 채소 및 다음 페이지에 실린 일본식 식사에 섬유질이 풍부하다.

- 아연 섭취를 늘린다. 아연은 전립선 조직에 밀집해 있으며 전립선 조직의 호르몬 민감성 조절에 도움이 된다. 아연이 풍부한 식품들로는 해산물(특히 굴), 통 알곡, 겨, 마늘, 호박씨, 콩류 등이 있다.

- 필수 지방산이 풍부한 견과류 및 씨앗류 섭취를 늘린다. 필수 지방산은 전

청경채 등 십자화과 식물을 많이 먹자.

알고 있었나요❓

전립선은 정자에 영양분을 공급하는 분비물을 생산하며 사정시에는 방광을 닫는 밸브 기능을 담당하기도 한다.

립선에 이로운 유사 호르몬 물질인 프로스타글란딘(prostaglandin) 생성에 필요하다(호박씨는 전통적으로 전립선 문제에 사용되어 왔다). 견과류와 씨앗류에는 섬유질도 풍부하다.

- 리코펜(붉은 카로테노이드 색소) 함량이 높은 토마토와 토마토식품 섭취를 늘린다. 리코펜 수치가 가장 높은 그룹의 남성들은 가장 낮은 그룹의 남성들에 비해 전립선암 발병률이 최고 60%까지 낮은 것으로 나타났는데 이는 토마토가 전립선 건강에 이롭다는 사실을 시사해 준다. 토마토는 익혔을 때(케첩, 토마토 소스) 리코펜 함량이 가장 높아진다.

일본식 건강 식단(The Japanese recipe for health)

전통적인 일본식 식단은 쌀, 대두 제품(대두(soybeans), 소이밀(soymeal), 두부 등), 생선에 곁들여 콩과 식물, 곡류, 십자화과 식물(양배추와 순무과에 속하는 청경채, 콜라비(kohlrabi), 배추 등)로 이루어진 저지방(특히 포화지방) 식단이다. 이 식단에는 약식물성 호르몬(이소프라본 등 식물성 에스트로겐)이 풍부한데, 이들은 장에서 생균 박테리아에 의해 생리활성(biologically active) 유사 호르몬 물질로 변환된다.

일본 남성과 핀란드 남성의 혈중 식물성 에스트로겐 수치를 비교 연구한 결과, 일본 남성들이 최고110배나 높게 나타났다. 이 정도의 약식물성 호르몬은 과도한 테스토스테론을 제거하고 테스토스테론이 전립선에 미치는 영향을 약화시키는 단백질(성 호르몬 결합성 글로불린) 분비를 촉진하는 휴먼 에스트로겐에 상응하는 양이다.

피해야 하는 식품

고지방 식사는 전립성 비대증 발병률을 높인다. 연구 결과에 따르면 소고기를 많이 먹는 남성들은 그렇지 않은 남성들보다 전립성 비대증에 걸릴 확률이 25% 더 높다. 오메가-6 지방(해바라기유, 옥수수유 등)을 많이 섭취해도 그렇지 않은 남성들보다 발병률이 17% 더 높아진다. 이는 일부 지방산이 안드로겐 남성 호르몬의 기본 구성 물질로 활용되기 때문으로 추정된다.

유용한 보충제들

- 아연은 전립선의 호르몬 민감성 조절에 도움이 된다.
- 리코펜은 전립선 세포 분열 억제 효과가 있다.
- 콩 이소프라본은 전립선 건강에 도움이 된다.
- 생균 보충제는 식품성 이소프라본이 보다 활성화된 상태인 에쿠올(equol)로 전환되는 것을 촉진한다.
- 톱야자(saw palmetto)는 테스토스테론이 더 강력한 디하이드로테스토스테론(dihydrotestosterone)으로 전환되는 정도를 줄여 비대해졌던 전립선 중앙 부분이 다시 작아지게 하고 밤에 소변을 볼 필요를 감소시킨다.
- 쐐기풀 뿌리(stinging nettle root)는 베타시토스테롤(beta-sitosterol) 을 포함해 다양한 스테롤(stero)을 함유하고 있는데 흔히 톱야자와 함께 복용한다.
- 영지 버섯은 안드로겐 호르몬에 대항하며, 남성 하부 요도 질환을 줄일 수 있다.
- 달맞이꽃 기름에는 전립선 건강에 좋은 필수 지방산이 함유되어 있다.

🍲 토마토 & 호박씨 페스토(pesto[1])

호박씨 200g
호박씨 기름 30ml
올리브 기름 30ml
마늘 2 쪽
왁스처리되지 않은 레몬 1개, 즙과 얇게 썬 껍질
햇볕에 말린 토마토 한 줌

신선한 바질잎 한 줌
새로 간 신선한 후추

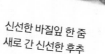

(4인분)

- 모든 재료를 푸드 프로세서에 넣고 원하는 농도의 페스토 반죽이 되도록 간다. 후추로 간한다.
- 이것을 통밀 파스타와 함께 먹거나 신선한 토마토 조각에 얹어 카나페(canapé)[2]를 만들어 먹는다.

---

1 가열 조리하지 않은 소스로 신선한 바질, 마늘, 잣, 파르메르산 치즈나 페코리노 치즈와 올리브유로 만든 그린 소스(green sauce)이다.
2 작은 비스킷이나 빵 위에 치즈, 고기 등을 얹은 것으로 간식이나 술안주로 좋다.

레이노병(Raynaud's disease)

15명 중 1명이 레이노병을 갖고 있는 것으로 추정되며 이 가운데 2/3는 여성이다. 혈액 순환에 좋은 음식을 먹는 것이 도움이 되며, 특히 마늘이 좋다.

레이노병은 손가락과 발가락에 있는 소동맥들이 추위에 지나치게 민감해져서 수축하면서 혈류가 급격히 감소하는 증상이다. 이에 따라 손가락과 발가락이 하얗게 되고 얼얼하면서 감각이 둔해진다. 흐름이 부진한 혈류가 돌아오면서 손가락과 발가락이 파래졌다가 다시 선홍색으로 변하는데 이 때 통증과 타는 듯한 느낌이 동반된다. 대개 처음에는 특별한 원인 없이 나타난다. 피부 경화증(scleroderma) 등 다른 구체적인 질환이 동반되면 레이노 병으로 진단한다.

64명의 레이노병 환자들을 대상으로 한 연구에 따르면 이 중 절반이 발병 후 8년 동안 피부 경화증(항체가 조직을 공격해 피부가 경화되는 자가면역 질환의 일종) 등의 결합 조직 질환(connective tissue disease)으로 진전되었다.

레이노병 체크리스트
• 손과 발을 최대한 따뜻하게 유지한다.
• 흡연은 소동맥 수축을 증가시키므로 금연한다.
• 갑작스럽거나 극심한 온도 변화를 피한다.

- 가족력   • 진동식 공구 사용   • 동맥성 질환(아테롬성 동맥 경화증, 혈액 응고 질환 등)
- 결합 조직 질환(류머티즘성 관절염, 피부 경화증, 전신성 홍반성 루프스(SLE) 등)
- 일부 조제 약품(베타 차단체(beta-blocker) 등)

도움이 되는 식품

- 마늘을 먹자! 마늘은 혈관 확장과 혈액 점성에 이로운 영향을 미쳐 소동맥과 소정맥의 혈액 순환을 향상시킨다. 연구 결과 마늘을 섭취하면 소동맥은 평균 4.2%, 소정맥은 평균 5.9% 확장되며 피부와 손발톱 주름(nail folds)의 혈류를 최대 50% 까지 증가시킨다. 마늘 반 쪽만 섭취해도 혈소판 응집 현상을 상당량 줄일 수 있으며 이 효과는 3시간 동안 지속된다. 이런 면에서 마늘의 일부 성분들은 아스프린만큼 강력한 것처럼 보인다.

> **유용한 보충제들**
> - 은행 나무 추출물과 오메가-3 생선 기름은 모세 혈관의 혈액순환을 향상시킨다.
> - 비티만 E 의 항산화 성분은 미세 혈관 경련을 감소시키기 때문에 비타민 E 보충제 복용이 도움이 된다.

- 연어, 고등어, 청어 등 기름기 많은 생선 섭취를 늘린다. 이들은 혈액 점성을 낮추고 모세혈관의 혈액 순환을 향상시킨다(46페이지 참조).
- 몸을 따뜻하게 해 주는 생강을 먹는다.
- 콩류, 견과류, 통 알곡, 해산물, 진녹색 잎줄기 채소에 풍부한 마그네슘 섭취를 늘리면 혈액 순환에 도움이 된다.

생강 – 라임 아이올리(Aioli)[1] 소스를 얹은 연어 요리

뼈를 발라낸 연어 4토막
아이올리 소스:
저지방 마요네즈 45ml
저지방 생크림 45ml
마늘 3쪽, 으깬 것
엄지 손가락만한 크기의 생강, 간 것
레몬 1개, 즙과 얇게 썬 껍질
새로 간 신선한 후추

(4인분)

- 아이올리 소스의 모든 재료를 한데 잘 섞는다. 입맛에 맞게 후추로 간한 후 뚜껑을 덮어 냉장고에 30분간 넣어 둔다.
- 그릴 이나 오븐을 중간 세기로 예열하고 연어 살이 단단해질 때까지만 살짝 굽는다. 아이올리 소스를 얹어 먹는다.

---

1 마요네즈와 마늘로 만든 걸쭉한 소스

기름기 많은 생선은
혈액 순환을 향상시킨다.